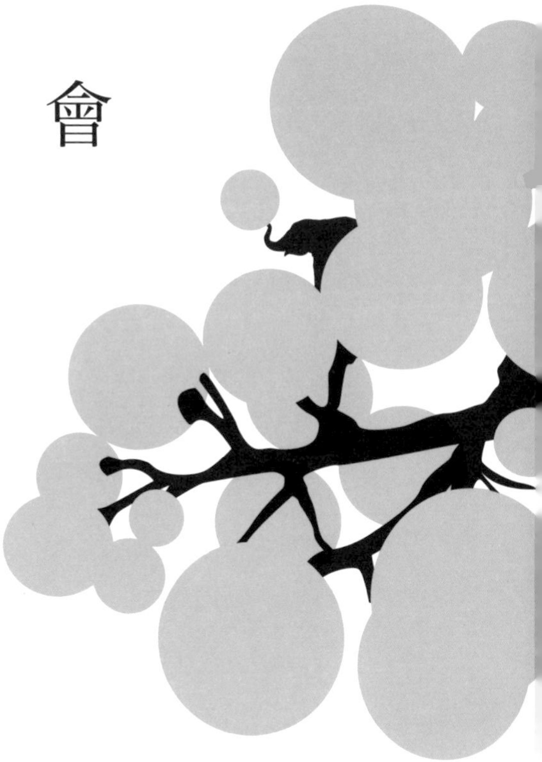

會跳舞的大象

（經典修訂版）

裕森的葡萄酒短篇

Yu-sen Lin 林裕森——著

Yusen On Wine

序

生命自有道理，葡萄酒也是

人生無常，葡萄酒也一樣，似有規則，但又無可預期，你可以隨遇而安，有什麼就喝什麼，也可以跟我一樣，花二十多年的青春和積蓄來探尋究竟，從葡萄酒裡得到的結果也許不盡相同，但憑良心講，都一樣充滿樂趣。我的意思是，不要因為不想研究葡萄酒，就放棄喝葡萄酒的美妙經驗。

身為全職的葡萄酒作家，大部分的時候，都在照顧自己對葡萄酒的熱情與好奇，只有在寫專欄文章的時候，才會想著該跟讀者談談什麼有趣的事，雖然明知應該輕鬆一點，但常常還是把簡單的事弄得更複雜。

例如這本書的第一篇文章〈會跳舞的大象〉，談的是西班牙的超級名產區普里奧拉（Priorat）。十三年來共去了六趟，每一回都有新體驗。最早，到處是那種使了蠻力、嶄露壯碩肌肉的怪獸級紅酒，但現在多出了許多鮮美易飲的可口紅酒，也開始出現酒體宏偉，卻又細緻得讓人心疼不忍的珍釀。在法國，風土跟傳統常常是一成不變的，但在西班牙卻可以見證風土的誕生與進化。在這千字的短文中，我真正想跟讀者說的其實只是，跟大家想像的不一樣，風土也可以是新的。

如同〈會跳舞的大象〉，這本書裡的其他六十二篇關於葡萄酒的短篇文章，主要選自二〇一一到二〇一五年間為《商業周刊》alive所寫的專欄小文，每一篇都隨著時間演進改寫成新的版本，再一一地編進分別談論風土（on Terroirs）、釀酒天分（on Talent）、年分（on Vintage）、品種（on Vines）、餐酒聯姻（on Alliances）和潮流（on Trend）這六個環繞著葡萄酒的章節之中。

跟二〇〇七年出版的《開瓶》和二〇一二年的《弱滋味》一樣，《會跳舞的大象》並不是寫作生涯中精心計畫的重量級著作，沒有大量、有系統的葡萄酒知識，乍看起來都像是由舊文回收加工再製所拼湊成的雜燴拼盤。但我已漸漸發現，在真的編輯成書之後，這些以葡萄酒的見聞和省思所輯成的短篇雜文，似乎也自有秩序和新意，常能意外地得到更多來自讀者的共鳴，在葡萄酒中尋找到屬於自己的樂趣。

精心釀造的偉大珍釀，不一定就會比帶著手感的樸實簡釀更加迷人，這是葡萄酒早就告訴我們的事。人生跟寫作，有時候也是這樣。

Chapter 1

On Terroirs 風與土

Chapter 2

On Talent 放任與精心

Chapter 3

On Vintage 年分的風雨與歲月滋味

Chapter 4

On Vines 名種與劣種

Chapter 5

On Alliances 餐桌上的婚禮

Chapter 6

On Trend 時代的風流

Chapter
1

On Terroirs

風與土

風土並非全是天選之地，更常是在諸多的環境限制之中，葡萄農慢慢找出應對自然的出路，最後方能釀成無可模仿的在地風味。

2010

會跳舞的大象

Ferrer Bobet所釀造的普里奧拉紅酒正是跳舞大象的典範。

在氣候溫暖且乾燥的產區，要釀成酒精度高，酒體濃厚，如龐大巨獸般充滿重量感的超濃縮紅酒，只要降低產量，晚一點採收，在發酵浸皮時努力萃取，就能輕易達至，例如阿根廷門多薩省（Mendoza）產的許多馬爾貝克（Malbec）紅酒。在氣候涼爽一點的產區，葡萄成熟慢，有時還沒有完全熟就要採收，酸味高，酒精度低，顏色淡，要釀成高瘦輕盈、似能翩翩飛舞的紅酒，也非難事，如布根地產的黑皮諾紅酒。

最難，也最少見的，也許是釀成高大壯碩卻又精緻輕巧，如大象翩然起舞般的紅酒。在西班牙東北方、加泰隆尼亞自治區內的普里奧拉（Priorat）產區裡，有越來越多這樣的大象級紅酒，卻有著驚人的輕盈酒體。雖然笨重型的普里奧拉紅酒還是頗常見，但是即使是在不特別熱衷西班牙酒的台灣市場上，都能輕易買到多款這樣的普里奧拉，我所知的就有Clos I Terrasses酒莊的Clos Erasmus、Mas Doix酒莊的Doix、Frank Massard的Huellas、Terroir al Límit的Les Manyes和Ferrer Bobet酒莊大部分的酒款。

普里奧拉是西班牙葡萄酒新潮流的發源地，氣候相當乾熱且極端，

2006
FERRER | BOBET
PRIORAT
2007
FERRER BOBET
PRIORAT

主要種植晚熟且耐乾旱的格那希（Grenache）與佳麗濃（Cariñena）葡萄，釀成的紅酒酒精度非常高，動輒十五％以上，酒體極為濃厚且多澀味。但最特別的，讓這些厚重濃烈的葡萄酒喝起來特顯優雅與輕巧的，有許多人認為是崎嶇起伏的貧瘠山丘上，黃黑相間，稱為Licorella的頁岩。這樣的土壤，常讓普里奧拉紅酒在熟果與地中海香草之外，帶有非常獨特的礦石香氣，同時，也讓葡萄在極為成熟的時刻還能保有非常多的酸味，即使喝起來豐潤飽滿，酸味並不特別突顯，但酸鹼值*卻是特別地低，常在三·三以內，是布根地黑皮諾的水準。

當然，並非所有種在Licorella頁岩上的葡萄園都是如此，但產自超過半世紀以上、位在高海拔的老樹葡萄園的普里奧拉紅酒，越是明顯地帶有這樣的獨特風格，特別是在Torroja跟Poboleda兩個更偏遠的村子裡。這些細緻風味的普里奧拉跟全球風味最細緻的頂尖紅酒相比也絕不遜色。

相較於二十世紀末，這樣的普里奧拉似乎正快速倍增中，得以如此，在於那是一個雖有悠遠歷史，但所有菁英名廠至多僅三十多年歷史的新興產區，沒有太多非此不可的包袱，群聚了可能是全西班牙最高比例，兼具智慧與實驗精神的釀酒名師，進化的速度自然可以遠超過歐洲水準，讓普里奧拉一直都扮演著西班牙酒業革新動力的角色。

普里奧拉已經不再一樣了，但更為清新秀麗，可喝性更高的酒風並非以犧牲原產風味換來的，而是釀酒師們在粗獷暴戾的環境中，更貼近土地，探尋各酒村與每片葡萄園的特性，找出對應的方法才能有的成就。這裡的大象除了會跳舞，現在甚至連舞姿都像天鵝般輕盈優雅了。

開瓶小講堂

酸鹼值

又簡稱為PH值，範圍介於〇～十四之間，PH值七為中性，數字越低，酸度越高。葡萄酒為酸性，大部分的PH值都介於三～四之間，只有少數的白酒如麗絲玲（Riesling）會低於三。葡萄越成熟，酸度越低，PH值也會跟著升高。除了影響酸味，PH值太高的葡萄酒也較不適合久存。

經典的回歸

在葡萄酒的世界裡，Gran Reserva是西班牙特有的葡萄酒類型，也許，在南美的西班牙語系產國偶有使用，但原型卻是源自西班牙，是一種延長橡木桶培養以及瓶中熟成的葡萄酒。「gran」有大或偉大的意思，「reserva」則有特選珍藏之意，在二十世紀末之前，許多西班牙酒廠最頂級的酒款都屬Gran Reserva，比次一等的Reserva和熟成時間更短的Crianza，以及完全無熟成的Joven都要來得昂價，特別是在最知名的利奧哈（Rioja）產區內。

雖說酒莊可能挑選品質較優異的葡萄酒製成Gran Reserva，但單單以培養時間長短為區分標準，確實有失嚴謹，特別是利奧哈早期的Gran Reserva曾要求至少要三年以上的木桶培養，相較於全球主流產區，最頂尖耐久的酒莊，其小型木桶培養絕不超過二十四個月，三十六個月確實不尋常，有些酒款，如Murrieta酒莊一九七八年的Castillo Ygay甚至長達二百一十六個月才裝瓶。

如果一款酒在木桶存十八個月最好，勉強存三十六個月是否有可能使酒失去果香，甚至氧化敗壞呢？一九九〇年代開始興起的西班牙酒業

C.V.N.E.是利奧哈區內年產千萬瓶的老牌大廠，Imperial Gran Reserva是其最知名的旗艦酒。

變革，便將矛頭對準看似老舊陳腐的「Gran Reserva」。許多新銳的菁英酒莊完全不生產Gran Reserva等級的酒，甚至刻意將酒莊的旗艦酒標為低階的Crianza，成為新的，稱為「vino de autor」的創作型逸品酒，更現代，也更國際口味。釀造較耗時費工的Gran Reserva逐漸地，不再是最頂尖的酒，價格也遠遠地被超越，酒評的分數也多所保留。

但頗幸運地，即使面對風潮的轉換，許多利奧哈酒莊還是繼續釀造老式的Gran Reserva。新潮流至今已然過了二十多年，現在回頭探看，最珍貴獨特的，竟然還是這些曾經被視為落伍象徵的Gran Reserva，如Lopez Heredia的Viña Tondonia、Riojanas的Monte Real、Muga的Prado Enea和Rioja Alta的890等等，至少，那是一種別處難以仿製的獨特酒風，而且不同於許多人對西班牙葡萄酒不夠細緻也不耐久的看法，許多老式的Gran Reserva也已經用其超過半世紀以上，風味卻仍優雅迷人的陳釀證明都只是偏見。

二〇一三年底，頗出乎意料，美國極具影響力的《Wine Spectator》雜誌將其年度百大*（Top 100）葡萄酒的第一名，獻給利奧哈百年老廠

C.V.N.E.所釀造的2004 Imperial Grand Reserva，重新為這老式經典的酒風打上閃亮的聚光燈。這瓶老派的新寵也許窖藏的時間較過往略微縮短一些，風格也現代了一點，但如絲般緊緻滑細的質地與靈巧曼妙的纖纖酒體，仍是那老式耐久的百年經典Gran Reserva。

開瓶小講堂

百大

自一九八八年開始，美國最重要的葡萄酒雜誌《Wine Spectator》會從年度所品嘗的兩萬多款酒中挑選出一百款最佳的葡萄酒。歷年來雖有許多西班牙酒款入榜，但二〇一三年卻是首度成為第一，而且竟然是一瓶老式的Gran Reserva。

不太綠的綠酒

超過十年的Quinta do Ameal證明輕巧的均衡也能屹立不搖，隨著歲月，醇化成更豐富多變的陳年滋味。

顏色，是葡萄酒最通用的分類法，除了最常見的紅、白與粉紅酒，法國侏儸區（Jura）的黃酒和以白葡萄泡皮釀成的橘酒，都是頗為少見、口味深奧難懂的菁英酒種。但葡萄牙產的綠酒（Vinho Verde）就不同了，是價格低廉的大眾國民酒，酒精度低，微有氣泡，酸味雖高，但微帶甜味，清爽可口，簡單易飲，非常平易近人，是相當通俗的平價酒種。幾家商業大廠產的綠酒，不只在葡萄牙，歐美的超市裡也頗為常見。

歐洲的傳統產區大多以地名命名，Vinho Verde雖只產自葡萄牙北部的Minho區，但出產的酒卻是以顏色為名。綠色的意義其實是多重的，這邊有葡萄牙最潮濕多雨的氣候，葡萄園位在丘陵起伏的翠綠風景之中。受到大西洋的影響，缺乏葡萄最愛的乾熱氣候，葡萄較難達至正常的成熟度，常常還未全熟，帶青綠就收。因熟度低，釀成的白酒酸度相當高，常顯酸瘦，正符合葡萄酒品嘗中常用綠色來稱呼酒體薄弱卻又多酸的葡萄酒。

不只如此，這些綠酒大多在年輕剛釀成時即裝瓶上市，而且習慣趕

QUINTA do AMEAL
2004
LOUREIRO
PONTE DE LIMA
Branco Seco - Dry White Wine
PRODUCE OF PORTUGAL
750ml.
alc. 11,5%vol.

早飲用，採收完數月間就已上市，正是「尚青」的葡萄酒，也因為年輕，極透明的酒色自然也帶點綠色。從任何角度想，都是不折不扣的綠酒。

在此一片綠色的世界中，也有一些葡萄，如產自北方與西班牙隔著Minho河交界的阿爾巴利諾（Alvarinho）*，果串小一些，產量少，可以比較早熟一點，釀成酒體更深厚一些，酸味柔和一點，不留甜味反能更均衡迷人的白酒。這些不太綠的阿爾巴利諾綠酒讓通俗的國民酒也能有菁英的滋味，不再一味討喜，也能多一些靈魂，甚至也能耐久，變化出更多變的陳年風味。

但除了已經在國際上流行起來的阿爾巴利諾，綠酒產區還暗藏一些甜度低卻又非常成熟的葡萄品種，是本地酒業最為獨特，卻尚未全然發展，擁有無盡潛力的珍貴資產。例如甜度最低，最晚熟，酸味最高，常僅九%酒精度的阿瑞圖（Arinto），其酸瘦單薄的特性雖然很難獨當一面，但在混調時卻有增添新鮮與清爽的功效。

不過，我認為最具潛力的，是成熟度介於前兩者之間的洛雷羅

（Loureiro），葡萄的甜度少能超過十一%，但卻已經相當成熟，儼然是下一個低酒精風潮中最理想的葡萄。雖然現下認真釀造的並不多，但卻已有頗具說服力的例證，如由Quinta do Ameal酒莊所釀成的多款洛雷羅白酒，沒有奔放的果香，卻有精緻獨特、混合白花香與新鮮茴香草的迷人氣息，酒體輕盈飄飛，活潑細膩的酸味與帶些咬感的質地，竟也兼具堅韌緊密的口感。如此輕量級的美妙均衡在現今的葡萄酒世界中實在少見。最難得的是，酒莊也留有超過十年以上的陳酒，足以證明這樣輕巧的均衡也一樣能屹立不搖，隨著歲月醇化成更豐富多變的陳年滋味。

一趟葡萄牙的小旅行，卻在一個未曾認真看待的產區裡，意外窺見一條通往未來的幽幽小徑。

開瓶小講堂

阿爾巴利諾

原產自伊比利半島西北部，西葡交界的白葡萄品種，在西班牙稱為Albariño。其果串小，成熟度佳，頗適合潮濕涼爽的大西洋岸氣候。釀成的白酒常有檸檬與柑橘的乾淨香氣，有時也有些熱帶果香。酒風清新多酸，較不適木桶培養，是西葡兩國最佳的白葡萄品種。

酒杯裡的火山味

松樓白酒常經橡木桶發酵培養，酒體飽滿，常有非常濃烈的招牌礦石氣味。

礦石系的香氣是葡萄酒香中最幽微神祕的地方，因為我們不太能確定到底從何而來。礦石確實很容易讓人直接聯想到葡萄園地底下的土壤與岩石，但也有人依據有限的科學研究認為只是出自飲者的想像，或者，釀酒時的小缺失。

但不可否認的是，在某些葡萄品種，或一些特別的產地，釀成的葡萄酒都常有非常明顯的礦石氣，甚至於連喝的時候都能感應到石頭味。在滿布頁岩的德國摩塞爾（Mosel）產區，以麗絲玲葡萄釀成的白酒，幾乎每一瓶都有帶一點汽油感的礦石氣味。不過，這個品種向來以此香氣聞名，其實並不為奇。

夏多內是全世界分布最廣的白葡萄，但卻只有在布根地北邊的夏布利（Chablis）能釀成帶有海潮般的海味礦石氣。最特別的是，這裡很少採用橡木桶培養葡萄酒，跟其他產區的夏多內白酒，常在新木桶中進行發酵和培養，偶爾會出現火藥與硫磺般的礦石氣味完全不同。夏布利的葡萄園全都位在侏儸紀晚期由小牡蠣化石構成的岩層上，有此鹹味感的礦石風味真的只是巧合？與這些Kimmerigien泥灰岩無關嗎？

vinum somlaicum bortársulás
13,0% vol

最近頗幸運地品嘗到四款在台灣還頗少見的松樓（Somló）白酒，此匈牙利西北部的知名干白酒產區，只有八百多公頃葡萄園，全都位處在一個由玄武岩所構成的休火山上。當地除了種植常見的歐拉茲麗絲玲（Olaszriesling），也有極稀有的 Juhfark*葡萄。常經橡木桶發酵培養，釀成酒體頗為飽滿的白酒，常有非常濃烈的招牌礦石氣味，較傳統風的甚至帶有野性的皮革與汗味，在當地被視為最具男子氣概的酒，曾經被當作機能性飲料在藥房銷售，有傳說認為在新婚之夜飲用有助得子。

此次試飲的松樓白酒雖然分別用三種各有個性的白葡萄品種釀造，來自三家風格殊異的酒莊，四個不同的年分，但是每一瓶都像是泡過火山岩塊般帶有濃郁的火氣礦石，喝來深厚多層次，甚至在後段的部分還都帶有一些類似收斂感的礦石質地。

如此詭奇的逸品風白酒相當少見，但一日內連喝四款又都來自匈牙利最小產區裡的火山錐山坡，就很難只是巧合，特別是其中還有一款採用匈牙利最為常見，風味極為清淡簡單的歐拉茲麗絲玲葡萄，但卻釀成極為濃厚，粗獷風的礦石味白酒。似乎這裡的風土條件會讓不同的品種都帶上同樣的火山般的礦石氣味。

跟所有的香氣一樣，多了就反而不迷人了，Imre Györgykovács酒莊採用匈牙利最優異品種芙明（Furmint）釀成的二〇一〇年松樓白酒，在熟果與蜂蜜間以暖系的礦石香氣相連結成集中卻多變的奔放酒香，配上深厚的酒體與充滿活力的靈動酸味與石墨味，絕對稱得上是世界級的火山味白酒。

開瓶小講堂

Juhfark

相當古老的匈牙利白葡萄，有「綿羊尾」的意思，因其果粒細長而有此名。雖然曾是重要品種，但幾乎只剩下松樓區有種植，僅餘百公頃。其酸味高，香氣多礦石與動物氣味，甚至有些汗味，較少乾淨討喜的新鮮果香，需橡木桶培養柔化。

南方白酒

如同勇敢的男生、溫柔的女生這些的性別刻板印象，葡萄酒的世界裡也有北方白酒與南方紅酒之類的既成印象。確實，在北半球，特別是歐洲，白葡萄酒大多產自寒涼一些的北方產區，溫暖的南方，則產較多的紅酒，特別是在南歐乾熱的地中海岸。但跟溫柔的男生與勇敢的女生一樣，產自地中海岸的南方白酒不只存在，也自有迷人之處，但卻常常被輕看甚至忽略。

一趟法國南部產區（Sud de France）*的旅行，拜訪地中海岸十多家的酒莊，品嘗的一百多款酒中，雖多為紅葡萄酒，但不同於出發前的預期，留下最深刻印象的，卻大多是白酒。會特別有這樣的想法，也許正因一直輕忽了這裡產的白葡萄酒。

因自然環境使然，種在地中海岸的葡萄成熟得比較快，酸味降得快，糖分卻又特別多，釀成的白酒大多有比較高的酒精度，酸味低一些，混合多種品種調配以維持均衡。圓潤飽滿的質地是這些白酒的特色，同時，也常有茴香與熟果的香氣，此風格完全迥異於白葡萄酒應該要清爽多酸的刻板印象，也許稍難理解，但因不是大眾主流，反而充滿

（上）法國南部隨處可見百年的老樹葡萄園。

（左）法國南部常能容納創新的酒風，讓這裡產的白酒能釀出充滿前衛感的創新白酒風格。

妙趣。特別是其特殊的油滑質地，非常容易搭配一些多香料或蒜味的菜色，很值得花一點心思認識。

不同於傳統的法國產區，法國南部更常能容納創新的酒風，加上隨處可見的百年老樹葡萄園，讓這裡產的白酒常能以傳統為基底，釀出充滿前衛感的創新白酒風格。此行喝到的三十多款白酒無論品種組合與釀造法幾乎都自成一格，例如Domaine de La Réctorie酒莊不帶甜味的Collioure「Argile」白酒，採用種植於陡峭頁岩懸崖般山坡上，產量超低，原本用來釀造加烈甜紅酒的老樹灰格那希（Grenache Gris）葡萄，卻釀成豐厚多酸，充滿香料與細緻草香的奇幻風格。

或如位在Pic St. Loup產區的Ch. de Cazeneuve，雖以紅酒聞名，但其白酒卻更加吸引人，以七個傳統品種混調釀造，經過八個月的橡木桶熟成，融合出茴香、蜜桃、荔枝與蜂蠟香氣，有極典型的地中海式豐滿質地，但卻又有深具力道的酸味，生出對比的均衡張力。原以為只適合早飲，但莊主又開了二〇〇七年分比較，方知陳年後不只仍均衡健康，而且風味更佳。

但最驚人，也最難忘的，要屬Gauby酒莊採用混種多種品種的九十年老樹所釀成的「Vieilles Vignes」白酒。酒精度僅及十二%，帶純淨的礦石氣，內斂高挑，充滿靈性，有著北方白酒的風格，僅微微的普羅旺斯香料系香氣，透露一些地中海的氣息。也許正因為乾熱的氣候很難保有酸味，這裡的菁英酒莊更竭盡所能地讓葡萄在豔陽下仍能保有清新與均衡，反而能跳脫南與北的環境限制成就了更難得的，既勇敢又溫柔的珍貴特質。

開瓶小講堂

法國南部產區

從葡萄酒的角度看，法國南部產區並非包含所有法國南方的葡萄酒產區，如波爾多、西南部、普羅旺斯等等都不在其中，而是單獨指隆格多克－胡西雍（Languedoc-Roussilon）這個位處法國南部地中海岸，全世界產量最大的葡萄酒產區。

大叔式的優雅

Forey酒莊主Regis是個看似不修邊幅，個性豪邁的粗獷型大叔，他所釀的黑皮諾紅酒，款款自有個性與美貌。

若說布根地是全世界酒風最優雅的產區，應該沒有太多的異聲。但何以致此則耐人尋味，畢竟這裡大部分的酒莊主都更像是腳踩在土地上的葡萄農，除了助手和雜工很少聘任專業團隊，開耕耘機要自己來，釀酒也大多靠自己。得以釀造出風格如此細膩多變的葡萄酒，靠的，絕不只是這些莊主們的優異天分或慎密巧思，而是內化於布根地酒業，無人敢違背的葡萄園優先。

馮內—侯馬內（Vosne-Romanée）村*的Forey酒莊主Regis是一位看似不修邊幅，個性豪邁的粗獷型大叔，如果你跟我一樣有機會品嘗其新釀成的二〇一三年總數達十餘款的黑皮諾紅酒，大概會以為是出自溫文儒雅的紳士之手，才能釀成如此靈巧精細的紅酒質地，而且款款自有個性與美貌。連酒風特別粗獷多澀的特級園Clos de Vougeot，Regis的版本都極其迷人，單寧絲滑緊緻的程度更超越了同園中最頂尖的多家名莊。最優雅的黑皮諾會美到讓人有心疼與不忍之感，這款Clos de Vougeot便是其一。

布根地以外的名莊，如波爾多，常匯聚眾多酒業專才，聘任全球最

頂尖的釀酒顧問，添置最先進的釀造設備，有最精確的葡萄園土壤分析與品管儀器，但是，在酒的精細質地與優雅風味上，卻常常抵不過像Regis這樣一位平凡的鄉下大叔。他並非萬中挑一的酒業奇才，只是剛好繼承了家族的小酒莊；他的行事作風並不特別小心慎密，其實還有點鄉野式的真誠豪邁；酒窖的設備更是平凡簡單，甚至應該算是過時老舊，他一直到二〇一三年才添購了控溫的設備。但是Regis單憑一人之力，卻輕易地就釀成了即使百人專業團隊也無法達至的葡萄酒美貌。

例如他所釀的Les Gaudichots一級園紅酒，來自馮內─侯馬內村，位在特級園La Tâche西北角高坡處的一小片園，僅〇．三公頃，採收的葡萄每年大約釀成四、五桶，約一千兩百到一千五百瓶，是酒莊最難買到的珍稀款。此酒風格結實深厚卻鮮明勻稱，表面靜雅卻暗藏無限力道，即使是極聰慧的釀酒師也調不出這樣充滿張力的佈局。

喜歡追根究柢的酒迷，可能會以為是他改用很多整串葡萄釀造，或是因為刻意降低產量，也可能是Regis採用發酵前低溫泡皮，或是極輕微小心的踩皮法。但其實，這諸多的可能原因都不會是最關鍵的因素。

讓布根地一般的葡萄農也能釀出世界級珍釀的，其實只是放心地任由葡萄園中的黑皮諾葡萄真實地呈現本色。沒有刻意增補或掩飾，很誠懇直白地，讓葡萄園的風味有如全裸般透明地呈現本質，即使有些不完美，但在酒杯裡誠實展露出來的，卻是再高超的技術也無可複製的，真實自然的個性之美。

開瓶小講堂

馮內－侯馬內村

布根地夜丘區內專產黑皮諾紅酒的的名酒村，兩百多公頃的葡萄園，包括了全球最昂價的葡萄酒Romanée-Conti在內的八片特級園。村內產的紅酒風格豪華氣派，常有飽滿的豐厚酒體，性感而迷人，是最具明星特質的布根地酒村。

布根地定價學

Armand Rousseau是布根地哲維瑞—香貝丹（Gevrey-Chambertin）村內的一家老牌酒莊，雖然從數十年前就已是超級名莊，但至今仍是由莊主Eric跟女兒們親自耕作釀酒，做著勞動身體的辛勤工作。在自有的十多公頃葡萄園中，有六片特級園（Grand Cru），其中，以約二．五公頃的Chambertin*最受矚目。最新近的幾個年分，每瓶的出廠價格大約是一百七十歐元，但市場上的售價卻常翻轉四、五倍，二〇一〇年的含稅市價甚至逼近一千五百歐元。此為二〇一五年時的價格，現在新年分得再多加一千歐元才能買到。

為什麼一瓶價值八百歐元的酒只賣一百七十歐元呢？從營運的角度看，這樣的定價策略，僅Chambertin一園，就至少讓酒莊一年短收五百萬歐元，龐大到甚至接近全年的營收。但對於Eric來說，他最憂慮的卻是他所釀成的酒被當成投機炒作的工具，而真心喜愛的人卻喝不到。不同於波爾多的城堡酒莊只關心今年誰願意用最高價買新酒預售，跟Armand Rousseau一樣的老牌布根地名莊，如Coche Dury、Georges Roumier等等，卻都只願意將每年生產的葡萄酒分配給長年支持

無論好壞年分，不用等到採收，布根地名莊的酒已經被預定一空。

的老顧客，用的也是真正老交情的價格。

做生意可以像朋友關係一樣充滿人情味的地方已經不多，布根地可能是頂級酒業的最後一片綠洲了。但即使如此，也還是有一些布根地酒莊為了獲得更高的利潤以及因高價而建立的酒莊形象，完全放棄布根地的定價方式，趁機抬價，將出廠價提升到接近或甚至超過市場行情的水準，例如由Mommessin家族所獨有的獨占特級園Clos de Tart便是一例，雖然換來一些抱怨，但仍不難找到新買家，只是失了布根地的酒業精神。（此園在二〇一七年已賣給在波爾多擁有拉圖堡的Francois Pinault）

Eric Rousseau說，他的美國進口商從一九三四年他爺爺Armand的時期開始，無論好壞年分，每年都全數買下所有配額的酒，他不可能隨意漲價，頂多每年只漲一點點。在波爾多，搶手的好年分，酒的出廠價常暴漲，壞年分則較便宜。但在布根地，天氣條件不佳的年分，如二〇一一年，常常因為產量少成本較高，而變得比盛產的好年分（如二〇一〇年）還要貴。

在好年分占了便宜的進口商，在壞年分幫一下酒莊用更高的價格買更難賣掉的酒，便是布根地酒業定義忠誠的試金石，以及分攤風險的最佳機制。這樣的關係並沒有白紙黑字的契約，純粹是帶人情的口頭約定。有些進口商也會用同樣的定價策略，將這些在市場上非常搶手的酒，以低於市場行情甚多的價格，賣給忠誠的愛好者，例如二〇一一年Georges Roumier的特級園Bonnes Mares，雖然市價超過六百歐元，還是有人可以用一百五十歐元的零售價買到。這也是為何無論好壞年分，不用等到採收，這些名莊的酒就已經被預定一空了。

不可思議嗎？但這就是布根地。

開瓶小講堂

Chambertin

哲維瑞－香貝丹村內最知名的特級園，擁有七百多年歷史的十三公頃古園。釀成的黑皮諾紅酒以雄壯的酒風聞名，有嚴謹的架構，彷如有強健的肌肉，嚴肅剛直，需要相當時間才能柔化適飲。此園分屬二十五家酒莊，面積最大的是Armand Rousseau。

不標準的滋味

Salvadori酒莊不是歷史名莊亦非新銳菁英，但較之外地的酒莊，已足夠讓遠來的酒迷們眼界大開。

法國東部的侏儸產區因侏儸紀年代的岩層而聞名，卻只是葡萄酒世界裡的一個小小角落，葡萄園不多，但有許多手工藝式的小酒莊，自耕自釀相當老式另類的葡萄酒，不只風味獨特，有時甚至困頓難解。例如顏色淺淡酸瘦的紅酒，或如粗獷堅固，帶些氧化氣味的古樸白酒，或如神秘詭譎，常可久存一世紀的黃葡萄酒（Vin Jaune）。

這些侏儸特產雖多為在地自飲的地方飲品，但卻常如乍現靈光般，為全球各地厭倦於流俗酒風、追求真誠的飲者，帶來許多啟發，以及一片還保有樸真的酒中淨土。包括我自己，不只著迷於侏儸葡萄酒的遺世古風，其諸多背反釀酒常理但又自顯真實與道理的奇特釀法，也常逼使我不得不回頭自省多年來所學。每一回前往侏儸拜訪，總得花上許多時日才能自震驚與困頓中脫身，從中領悟出葡萄酒的真諦。

在我拜訪過的二十家侏儸區酒莊中，位在夏隆堡（Château-Chalon）*村裡的Salvadori酒莊，是其中最為平凡的一家，不是歷史名莊亦非新銳菁英，但即使如此，較之外地的酒莊，卻已經足夠讓遠來的酒迷們眼界大開。自有三．五公頃的葡萄園，以法國的標準來看，顯得有些微不足

Dégustation
VENTE
et J.P SALVADORI
OUVERT

道，但如果是傳統式自耕自釀的酒莊，又會顯得太大了，特別是在夏隆堡，有些葡萄園位在斜陡的坡上，很難用機器耕作，必須全部仰賴人工。Salvadori酒莊沒有耕耘機，是莊主Jean-Pierre單單靠自已一人之力，以鋤頭手工犁田，三．五公頃應該已是會讓人腿軟的數字了，直接噴除草劑也許是個方法，但這裡幾乎都是有機種植。

酒莊裡仍留著舊式的榨汁機，以古法手造自釀，因為種植的是極為粗獷耐久的莎瓦涅（Savagnin）葡萄，在老舊木桶中完成發酵後，還會培養多年，短則三、四年裝瓶成為Côte de Jura白酒，其他要製成黃酒的莎瓦涅白酒則要培養六、七年以上。連裝瓶也是逐瓶手工填裝，一次只裝一、兩桶，約數百瓶，同一年分的同款酒常要分多次裝瓶，有時甚至延宕數年。

聽起來雖然很不合常理，但Jean-Pierre說，每一桶都不太一樣，有些要培養久一些，有些可以早一點，他沒有辦法讓同一年分的黃酒一起裝瓶。

如此一來，同一款酒便有多個版本，有早裝瓶新鮮一些的，也有培養久一些多點氧化氣味的，喝來不盡相同甚或全然不同。試完幾款新近年分，Jean-Pierre從私人珍藏的酒窖裡找出兩款稍陳年一些的Château-Chalon讓我品嘗，他也無法預先確定是何時裝瓶的版本，我只知道我喝到的二〇〇二年是沉靜優雅的精緻風味，而二〇〇〇年是香氣奔放帶著野性的酸與海水鹹味的硬實版本。

這像極了那些純手工的手造藝品，每一瓶都自有刻痕與面貌，也自有美麗，而葡萄酒工業最基本要求的同質與標準化，在Jean-Pierre的石造酒窖裡，卻很難稱得上是品質，反而可能成為最野蠻粗暴的美味凶手。

開瓶小講堂

夏隆堡

侏儸區內最菁英的法定產區，僅八十八公頃的歷史葡萄園，種植特有的莎瓦涅葡萄，單單生產風味詭奇，需經六年以上氧化培養的黃葡萄酒，因不添桶，任其蒸發，酒面常漂浮一種乳白色的酵母菌，培養出獨特的氣味，同時具有百年以上的久存潛力。

澳式風土

獵人谷最頂級的榭密雍常陳放數年後才會上市，Mont Pleaseant的頂級旗艦酒Lovedale，最新的年分還只是二〇〇七年。

澳洲是南半球葡萄酒風格最多樣精彩的產國，不僅品種和產區非常繁多，也生產非常大量的世界級葡萄酒，其中甚至還有極為獨特，完全無法在其他地方複製模仿的葡萄酒典型。獵人谷（Hunter Valley）*所出產的榭密雍（Sémillon）白酒，便是其中最為詭奇，也最讓我醉心難忘的澳洲葡萄酒，遠超出許多昂價知名的希哈（Shiraz）紅酒。澳洲的釀酒師常會嘲笑法國的酒廠常以風土特色做為品質不佳的託辭，但位於雪梨北方的獵人谷，卻是一個唯有透過對其風土的了解，才能體會其所產榭密雍白酒在擁擠的葡萄酒世界中何以如此獨一無二。

二〇一五年十月初，在香港的IWSC葡萄酒競賽擔任評審時，遇到出身獵人谷的釀酒師Neil McGuigan，他的酒廠雖然主要生產為數龐大的大眾主流酒款，在台灣的量販超市即可購得，但其所釀造的獵人谷榭密雍白酒卻是相當典型且迷人，他雖然私下嘲笑風土，但問起他的榭密雍白酒，卻又突然化身風土講師。這確實頗為尷尬，因為在獵人谷釀造頂級的榭密雍，釀酒師並沒有太多事情可做，趕早採收，榨汁、發酵和裝瓶，幾乎都是以最簡單快速的方式完成。即使是最頂尖的酒款，都是不

MOUNT PLEASA
LOVEDALE
2007 SEMILL
HUNTER VAL

鏽鋼桶發酵培養一、兩個月後就早早裝瓶了，完全無需費心勞力。

這些剛釀成的年輕白酒，普通一些的，淡淨如青檸檬水，高級一點的則骨感酸瘦，既無酒體也無質地，只是一味地酸，Neil McGuigan眼睛突然瞇成一線，皺起臉來說：「哼哼！你得要很愛酸才行。但是，肯定是非常的耐久啊！」獵人谷最頂級的榭密雍雖然早早就裝瓶，卻常陳放數年後才會上市，例如Mont Pleasant的頂級旗艦酒Lovedale，最新的年分還只是二〇〇七年，原因無他，實在是需要時間才能顯現這些偉大珍釀的迷人之處，太早上市只是多添遺憾，完全難以入口。

但即使是二〇〇七都還是太年輕了，十年是最基本的瓶中培養時間，但尷尬的是，大部分的獵人谷榭密雍都頗早上市，在年輕無味時就都已被喝盡，很少有機會展現其如蜂蜜、礦石、火藥與煙燻等迷人多變的陳年酒香，以及高瘦卻又有些圓柔的口感質地。未能窺得其精彩處，對於一般的葡萄酒飲者來說，該是最難理解的澳洲酒吧！

所幸，還是有一些獵人谷的酒廠會保留一部分的庫存，留待數年後再次上市，例如Neil McGuigan說他們家的Bin 9000或Shortlist，都還有十年以上的酒款二度或三度上市。而這次參賽的獵人谷榭密雍也包含了二〇〇三和二〇〇五等超過十年的酒款，陳年的香氣開始嶄露，酸味漸退，圓滑質地漸生，餘味更是綿長，非常迷人耐飲，絕對是金牌水準，但毫無疑問的，也是獵人谷絕無僅有的澳式風土滋味。

開瓶小講堂

獵人谷

澳洲雪梨北方的知名歷史產區，氣候炎熱潮濕，產酒條件不是很典型，但以低酒精度卻非常耐久的榭密雍白酒聞名全球。當地產的希哈紅酒酒體纖細，風格婉約，亦相當獨特，名列澳洲希哈的紅酒經典之一。

遇見澳洲老藤

接連兩週，品嘗了十多款採用百年老樹釀成的紅酒，在二十多年的葡萄酒寫作生涯中，還是第一回。最有趣的是，這些酒都來自南澳大利亞的巴羅莎（Barossa）*，當然，這絕非巧合。

百年老樹在歐洲雖非不得見，但為數不多，相當珍稀，因為十九世紀末的葡萄根瘤蚜蟲病摧毀了歐洲所有的葡萄園，所有新種的葡萄都必須嫁接在耐病的砧木，才得以免除病害。因此，除了幾處種於沙地上的特例，歐洲現存的百年老樹大多是二十世紀初才種植的，南澳得以有大規模的老樹園，在於至今未曾遭受此蚜蟲病害的侵襲，巴羅莎因開發較早，其最老的葡萄樹甚至是一八四三年種植的超級老樹，在當地的老樹分級中，一百二十五年以上的祖傳老樹仍有三十多公頃，百年以上的有一百七十多公頃，是葡萄酒世界中的長壽村。

因為老樹實在太多，巴羅莎產區甚至還對老樹進行正式的分級，稱為Barossa Old Vine Charter。在葡萄酒標上標示老樹「Old Vine」或法文的「Vieilles Vignes」雖然很常見，但大部分時候都不太具有意義，也不一定真的是老藤所釀，因為這些字在其他國家與產區，都不是受到

因開發較早，巴羅莎最老的葡萄樹，甚至是一八四三年種植的超級老樹。

規範的酒標用字。但在巴羅莎產區，卻有精確的規定與分級，要稱為老樹：Old Vine至少須超過三十五歲，七十歲以上的則可以進一步標示為Survivor Vine，一百歲以上則有專用的Centenarian Vine，最老的稱為Ancester Vine，超過一百二十五年。

這些巴羅莎老樹保留人工育種前的多樣基因，可以培育出無數各有特性的植株，做為新種葡萄園的基因庫，堪稱葡萄酒界的世界遺產。但除了情感因素，這些活著的老祖先所釀成的酒，真的跟年輕的樹不一樣嗎？

樹齡超過三、四十年之後，或樹勢轉弱，或感染病症，產量逐漸降低，例如澳洲名廠Henschke於一八六〇年種植的Hill of Grace，雖有三公頃之廣，但每年產不到兩千瓶，只及正常園地的十分之一，但因樹根深入地底，產能與風味卻比較穩定，葡萄緩慢地成熟，常能釀成風味均衡，有更多細節變化的風味。也因為扎根很深，有穩定的地底水源，無須人工灌溉，即使在氣候乾熱的巴羅莎，也不會因乾旱而釀出粗獷的質地，甚至更能展露地方風味。

例如種植於一八四三年，全球最老的希哈葡萄樹所釀的2012 Langmeil The Freedom，雖還非常年輕，卻有著極為難得，如絲般緊滑的單寧質地，即使具有數十年的耐久潛力，竟已相當美味，已然適飲。但最驚奇的，卻是一九八八年與一九七三年的Hill of Grace，雖是以希哈釀成，竟能如傳說中般，變化成仿如布根地最頂級的香貝丹（Chambertin）紅酒，我原本以為，那是希哈葡萄永遠無法達到的境地。

開瓶小講堂

巴羅莎

南澳大利亞最知名的葡萄酒產區，也是澳洲酒業的中心，氣候乾燥炎熱，主要分為巴羅莎谷（Barossa Valley），和東邊海拔更高，較冷涼的艾登谷（Eden Valley）。主要種植希哈、格那希和慕維得爾（Mourvèdre）等品種，早期以釀造加烈甜紅酒為主，現則釀造濃厚豐盛的頂級紅酒。在艾登谷也產高品質的干型麗絲玲（Riesling）。

Chapter
2

On Talent

放任與精心

或精心調製，或放任自然，雖是兩個極端的釀造路數，但最後卻常能各自釀成精巧迷人的風土滋味，釀酒的真理，真的永遠不會只有一個。

初心與絕技

Vincent Dancer說：「我們都只是平凡的農夫！一點也不偉大！」他所釀的酒裡，常喝得到真心，甚至是觸動心靈的詩意。

「當一個釀酒師其實一點都不難！」在地下酒窖裡品嘗完一系列的二〇一三年白酒，道完謝正要離開時，莊主Vincent Dancer卻有感而發地這樣說。他接著舉自己為例：「一九九六年釀造第一個年分的時候，我什麼都不懂，也沒有任何經驗，半知半解地，就完成採收和釀造。最後裝瓶的酒，其實也不差。」

他的意思是，現在布根地有許多葡萄農變成酒迷崇拜的偶像明星，實在是很扭曲的價值觀。「我們都只是平凡的農夫！一點也不偉大！」他丟下這句話就趕著跑進倉庫準備出貨。

自從第一次喝過他釀的白酒之後，其酒莊至今還是我在夏山村（Chassagne-Montrachet）*最崇拜的名莊。Vincent Dancer的白酒自然內斂，沒有張揚，沉靜中自顯優雅，正是我最偏好的布根地風味。更感人的是，從等級與價格都最低的Bourgogne白酒，到年產僅數百瓶的特級園Chevalier Montrachet白酒都釀製極佳，或有酒風的差異，但都是非常迷人，充滿個性與變化的珍釀。

從他所釀的酒裡，似乎常喝得到莊主的真心，甚至，觸動心靈的詩

Quechua

意。跟村內的其他酒莊不同，莊主並非出身歷史名莊，他從小在德法邊境的阿爾薩斯（Alsace）長大，一九九六年時才回到父親幼時的故鄉，接手租給親戚的葡萄園。原本的興趣是攝影，未曾受過釀酒訓練，也許正因為沒有能力運用太過複雜專業的釀造技藝，反而成就了與眾不同的葡萄酒美貌。

一段平凡的文字，跳脫慣常的語法與斷句後，常能自顯詩意，Vincent Dancer的酒可以這麼獨特迷人，應該也是因為少了慣常的技術和匠氣吧！

類似的例子還有Maxime Cheurlin，二〇〇九年離開香檳，來到馮內－侯馬內（Vosne Romanée）村，繼承以曾祖父Georges Noëllat為名的酒莊。當年才剛滿二十歲，祖母就直接把釀酒的重擔丟給他。Maxime Cheurlin回憶當時祖母只丟下一句：「隨便你釀吧！反正釀不好，最後還是可以整桶賣給酒商。」一樣是一切從頭開始，但才第一個年分，他所釀的酒就在眾星雲集的馮內－侯馬內村大放異彩，也是相當自然均衡的風格，但亦頗精緻多變，而且潛藏著力道，馬上就吸引了許多酒評家的注意，轉眼間已成為一瓶難求的明星。

二〇一五年春初訪試酒時，問他有何絕技，大概太多人問了，他苦笑著說：「與別人實無特異之處。」或許，跟Vincent Dancer一樣，無釀酒積習，一本初心，正是他們最無敵的絕技。

開瓶小講堂

夏山村

布根地伯恩丘的名村，以生產豐厚結實的夏多內白酒聞名，但村子南方也生產頗多黑皮諾紅酒。除了許多知名的一級園，村內有三片專產白酒的特級園，全都位在村子北方與普里尼（Puligny）村的交界處，兩村共同分享布根地白酒的第一名園Montrachet。

放任與精心

Stéphane Ogier是羅第丘（Côte Rôtie）的新銳釀酒師，雖然比較晚近才成名，但是他所釀造的羅第丘紅酒，卻為這個聞名全球的希哈（Syrah）紅酒產區開創了新的格局。由他所詮釋的羅第丘紅酒，有輕盈的酒體和爽脆彈牙的咬感質地，果味乾淨純粹，喝起來清新有活力，全然自成一格。

羅第丘是法國北隆河的紅酒知名產區，因位置偏北、氣候涼爽，以出產風味優雅的冷氣候希哈紅酒聞名，有時會添加一小部分的維歐尼耶（Viognier）白葡萄，混釀成更可口的紅酒。為能接收更多的陽光，羅第丘的葡萄園大多闢建在隆河右岸，以頁岩與花崗岩構成，非常斜陡的朝南與朝東山坡。在冷涼的環境因為向陽而特別溫暖，讓羅第丘別於其他希哈產區，更有潛力可以釀出精緻的質地。而Stéphane Ogier的酒常能突顯這片葡萄酒山坡的難得特長。

雖品嘗過多回，但此次卻是首度造訪。Stéphane曾在布根地的伯恩市（Beaune）修習釀酒，討論起葡萄酒時宛如布根地莊主，也許，這正是我特別喜愛他所釀的酒的另一個原因，因他竭盡所能的努力，就只為精

兩位釀酒師，一聽慧一樸真，或精心調製或放任自然，卻都各自成就了精巧風味的羅第丘紅酒。

確地表現每片葡萄園的特色。如同在布根地的習慣，我們在新建成的酒窖中進行桶邊試飲，逐一品嘗包括Côte Blonde*、Lancement、But de Mont和Côte-Rôzier等十多片葡萄園釀成的二〇一三年分羅第丘紅酒，每一園都自有個性，有些甚至相當完滿均衡，如La Viallière園。

但與布根地不同的是，除了少數的例外，如以八十年老樹釀成，在好年分單獨裝瓶的La Belle Hélène，這些分開釀造的葡萄園，最後都只會混調成Le Village和Réserve兩款羅第丘紅酒。Stéphane依據各園的特性精心混調出柔和早喝的Le Village和經得起數十年陳年的Réserve。

現在頗流行推出單一園，如La Landonne或Côte Brune等名園，通常可以賣更高的價格，但混調各園確實才是羅第丘的傳統。另一家讓我相當迷戀的酒莊Jasmin，雖屬中生代傳統酒莊，但酒風非常優雅，常有許多迷人的細節變化，而且極為美味易飲，雖在羅第丘精華區內有十一片園，但每年就只單單推出一款酒（註）。莊主Patrick Jasmin說他的葡萄園除了希哈還常混種著一些維歐尼耶白葡萄，同一天採的就混著一起釀，經過近兩年的培養後，全部倒在一起裝瓶。細問他如何挑選混調，他聳聳肩說，沒有挑，有多少酒就全部混進去啊！

我顯然問了太多問題，最後他有一點不耐地說：這樣酒才會有好的均衡啊！

這兩位釀酒師，一聰慧一樸真，或精心調製或放任自然，但最後卻都各自成就了精巧風味的羅第丘紅酒，釀酒的真理真的永遠不會只有一個。

註：從二〇一五年Patrick推出有較多新木桶的Oléa。

開瓶小講堂

Côte Blonde

羅第丘內最為知名的區域，位在Ampuis鎮南邊的朝東南山坡，主要以顏色較淺淡的花崗岩與頁岩所構成，地型狹隘、非常陡峭，所有葡萄園都位在窄小的梯田之上，幾乎只能以手工耕作。所釀成的希哈紅酒有較多的果香，口感柔和一些，也有較細緻的單寧質地。

釀給自己喝

布根地因為產量不具市場規模，反能在酒中完整地保留最簡單直接的個人主義精神，例如這款年產只有六百瓶的Les Damodes。

Gilles Jayer是一個來自布根地夜丘區的酒莊主，有約十公頃的葡萄園，五十歲出頭的法國鄉下大叔樣子，跟大部分當地的小酒莊主一樣，是一個實實在在，雙腳踩在土地上，勞動身體耕作與釀酒的葡萄農。出身於釀酒家庭，十七歲就在田裡工作，但出現在台北亞都飯店的巴黎廳酒宴上，卻不太像是今晚的主人。

他和他父親釀的酒，自一九九〇年代就有酒商引進，也算得上是老牌名廠，但這回卻是首次造訪台灣，事實上，也是第一次到日本以外的亞洲拜訪。會前，促成此次來訪的法國酒商，說她差一點就要拿刀脅迫，才讓他願意搭機出國見見遠在地球另一端的酒迷們（註）。我媽媽最痛苦的事，莫過於丟下她的菜園飛去美國看女兒、孫子們，跟Gilles似乎頗為相似。

但在品酒會上，面對賓客認真的提問，諸如與已經過世、布根地最傳奇的葡萄農Henri Jayer有什麼樣的血源關係，以及釀酒流派的傳承；或者是關於發酵前低溫泡皮的溫度，Gilles的回答總是一言半語地帶過，顯得有些應付或事不關己。

2011
GRANDS VINS DE BOURGOGNE
Nuits-Saint-Georges 1ER
APPELLATION NUITS-SAINT-GEORGES 1ER CRU
"Les Damodes"
MIS EN BOUTEILLE PAR S.C.E.A.
JAYER-GILLES
PRODUCT OF FRANCE

在我採訪過的數百位布根地釀酒師裡，確實有大半都是如此個性，包括前一週也是首次來台的Christian Serafin，老先生也一樣看似有些木訥，用字更是精簡，幾年前參訪他在哲維瑞—香貝丹（Gevrey-Chambertin）村內的地下酒窖時，老先生雖然話不多，但卻花了兩個小時的時間，和我一起品試了多達二十多款培養中的二〇〇九年分新酒，試完之後還特地開了陳年的老酒讓我品嘗。答案全都在酒裡吧！說太多，對他來說，也許是多餘。

有人再追問吉爾為何不採用整串葡萄釀造*，被逼急了，吉爾講了最長串的一句話，他說：「我自己喝最多我釀的葡萄酒，應該可以算是我們酒莊的最大消費者了，難道我不應該為我自己喜好的口味釀酒嗎？」雖然之後他還解釋了整串葡萄釀造對黑皮諾紅酒風味的負面影響，但似乎已經一點都不重要了，因為他說出了今日布根地為何可以如此迷人最關鍵的因素。

在我們的時代裡，已經沒有多少商品，可以不需透過精準的市場算計就能存在，包括大部分出現在超市貨架上的葡萄酒都是如此，但在有數以千計的小農酒莊與葡萄園的布根地，因為產量不具市場規模，反能在酒中完整地保留最簡單直接的個人主義精神，因而得以讓單單一個品種，就可以在布根地繁衍出無盡多樣的葡萄酒風貌。

今天的餐酒會上，我們喝掉了十二瓶Gilles唯一的一級園紅酒：二〇一〇年夜—聖喬治（Nuits St. Georges）村一級園Les Damodes。因園地極微小，每年至多產六百瓶，台灣酒商一年的配額大概就這樣被喝掉了，如果我說這酒有多獨特細緻，其實一點都不重要，因全都成為不可追的回憶了。

註：Gilles Jayer已在二〇一八年不幸過世，酒莊改名為Hoffmann-Jayer。

開瓶小講堂

整串葡萄釀造

黑皮諾的釀造存在兩個流派，各有支持者，如DRC和Leroy，大多不去梗，整串葡萄放入酒槽內進行發酵，因無葡萄汁流出，酵母菌的啟動較為緩慢。另一派以Henri Jayer為首，葡萄採收後會先去掉葡萄梗，再放入酒槽，以免泡出較粗獷的梗味。

純真的不老靈魂

一九八四確實和其他年分不同，有特別甜的水煮水果與李子乾香氣，但仍有慕莎堡常有的菌菇與濕地陳香。

二〇一四年十月，第一次品嘗經過三十年窖藏首度上市的一九八四年慕莎堡（Ch. Musar）紅酒。但莊主Serge Hochar在一起品試後一個月就意外過世。一年後，再一次喝到已成傳奇的一九八四，突然領悟到，其實Serge並沒有真的離去，還一直留在許多人的心中，也留在他所釀造的每一瓶酒裡。

在慕莎堡史上，曾有一九七六和一九八四年兩個年分，因黎巴嫩內戰局勢太艱難而停產。其中，一九八四年是因戰爭造成道路阻斷，原本兩小時的路程，卡車花了一個星期才從葡萄園所在的Bekaa谷地將葡萄運到釀酒窖。在高熱的溫度下，葡萄在路上就開始發酵，醋酸菌滋生，釀成的酒裡有非常多揮發性醋酸（volatile acidity）*每公升高達一．二公克。在法國，濃度超過每公升〇．九公克就會禁售。一九八四年釀完裝瓶後，就一直藏在酒窖裡，不曾上市。

從一九五九年開始，Serge接手慕莎堡的經營與釀造，逐步成為地中海東岸最知名的傳奇酒莊主。他曾到波爾多修習釀造，是現代釀酒學之父Emile Peynaud的門生，曾獲選為《Decanter》雜誌的年度風雲人物，

1984
GASTON HOCHAR
WINE OF LEBANON · BEKAA VALLEY

但他卻說：「我愛揮發性醋酸！」沒有在葡萄酒世界裡走過風浪，看盡興衰的見識，大概也講不出這樣的話來。

和Serge在台北喝他特地帶來的一九八四年紅酒時，他說三十年來一直相信這批酒有一天會轉化成迷人的可口珍釀，他一定要活得夠久，親眼看到這一天。因為對他來說，揮發性醋酸能為酒帶來複雜的香氣，甚至讓酒保有新鮮，且更耐久。這讓我想到醋酸含量也超過一公克，一九四七年的白馬堡，但這瓶原該是有瑕疵的酒，卻是曾被評為滿分的世紀珍釀。

品嘗過二十多個年分的慕莎堡紅酒，一九八四確實和其他年分不同，有著特別甜的水煮水果與李子乾香氣，但仍有慕莎堡常有的菌菇與濕地陳香。其口感更是異於慣有的苗條與勻稱，非常豐滿肥潤，甚至覺得有些甜。即使過了三十年，單寧仍相當硬實，酸味少一些，質地粗獷一些，但相當均衡且健壯，至於揮發性醋酸，早已和酒融合一氣，分辨不出。這是一款非典型的慕莎堡，但更像是上天的意外禮物，但有多少釀酒師會跟Serge一樣花三十年的時間等待一瓶酒呢？

無論是紅酒或是白酒，慕莎堡一路喝來似乎越陳年越有活力，酒在年輕時常讓人憂心有氧化或感染病菌的疑慮，但時間卻常讓酒變得更均衡精緻，如現在喝來甜熟華麗的一九九五，或更陳年的一九八〇與一九八一，雖單寧熟化如絲般滑細，有酒莊慣有的皮草般野味，但喝來活潑有勁，更顯年輕。而一九六六、一九六七和一九六九年分，已然四十多年陳年，卻變得更加精緻細膩，有著完美的均衡與魔幻般的香料系香氣，像極了成熟得極好的布根地紅酒。

這麼多年來，在葡萄酒的世界裡遇過數以千計飽學知識的專家與釀酒師，但很少有人跟Serge一樣，看似老邁，卻似乎藏著一個樸真清新的不老靈魂，跟他所釀的酒一樣，似乎越老卻顯得越年輕，為陳年的意義帶來新的啟發。

開瓶小講堂

揮發性醋酸

酒中具揮發性的有機酸，常簡稱為ＶＡ，其中最重要的為醋酸，占九十六％以上。除了可以從酵母發酵的過程產生，最常透過醋酸菌在氧化的環境下將酒精轉化成醋酸。在酒中含量超過一定比例後，會產生粗糙的酸味與醋化的怪味。

超時工作的釀酒師

葡萄酒莊一年之中最忙碌，也最重要的時刻，就是採收季。

採收季是葡萄酒莊一年之中最忙碌，也最重要的時刻，一整年的心血要在短短的一個多月內完成採摘與釀造，在採收的高峰期，許多釀酒師甚至晚上連家都不用回了，直接睡在酒窖內，就近照顧發酵中的葡萄酒與漫長耗時的榨汁。挑在此時拜訪人力精簡的葡萄農酒莊，確實有些強人所難，但採收與釀酒季節卻又是最能親身體驗，走進真實葡萄酒後台的關鍵時刻。於是，每年還是常在採收的時節去敲酒莊的門。

但也有酒莊是自投羅網，在台北遇到來自西班牙利奧哈（Rioja）*產區的釀酒師Benjamine Romeo。他不只是當地新流派的先驅，現在最昂價，得過最多酒評家完美滿分的Contador紅酒便是其代表作。問採收時可否探訪，他竟也欣然答應。早聽說他對葡萄品質的完美要求，確實很想親眼見識。

Benjamine的酒莊位在利奧哈西邊，海拔較高，氣候較為寒冷的Saint Vicente 村，雖然主要種植早熟的田帕尼優（Tempranillo）葡萄，但採收季還是相對較晚一些，等法國波爾多採收季結束再從容安排南下都不會太遲。到訪時已過十月中，採收快接近尾聲，才剛到，匆匆趕回來的

CONTADOR

Benjamine還來不及寒暄就趕我上吉普車，直奔El Bardallos園了。

為了讓每串葡萄都達完美成熟度，這片老樹園常極費工地分多次採收。在他的指揮下，採收工人像是訓練有素的軍隊，快速有效率地將葡萄採進塑膠盒中，堆疊到小貨車上，一裝滿馬上運走。他要求每串採下的葡萄三十分鐘內一定要運回酒廠，完全不可拖延。

很難想像這樣的世界級名莊，在一九九六年時才開始在自家的車庫裡釀造第一個年分的葡萄酒。從零開始，Benjamine用極嚴格的標準挑選，逐漸地買下五十五片的老樹園，有些甚至已超過百年。但葡萄園的管理卻又極其放任自然，完全無人工灌溉，也很少施肥，每棵樹最多只產一公斤左右的葡萄，還不夠釀造成一瓶酒。

一運到酒窖，葡萄串先經手工篩選，挑掉參雜的樹葉與有瑕疵或不成熟的葡萄串，續用去梗機除掉葡萄梗之後再逐粒挑選過，只有完美的葡萄才得以進入酒槽。自有的五十五片園不僅全都分開釀製，有些園還會複雜地分成不同批次，在不同大小的木槽中與不同園的葡萄一起混釀。培養用的橡木桶是Benjamine親自到法國森林挑選的橡木製成，連裝瓶的軟木塞，也是採用親自選的樹所剝下來的軟木皮製成。極端的個人主義加上有如強迫症上身的完美要求，Benjamine不只注重每一個極小的細節，而且全部親力親為，包括在最忙碌的時候接待像我這樣的不速之客。在長達五小時的馬拉松貼身採訪過程中，即使完全無停歇的八倍速行程，但在空檔間，竟也完成了採訪、參觀與試飲，彷如已經過了數日之久。

這些，都可以從他所釀造的酒中喝出來，不只是上萬元的Contador，連千元的Predicador都藏著莊主嚴肅認真、絕不妥協的不懈精神，那是一瓶向其偶像克林．伊斯威特致敬的酒，如果要說有什麼缺點的話，也許，就跟這位硬漢形象的名導一樣，少了一點像《麥迪遜之橋》那樣的浪漫與柔情。

開瓶小講堂

利奧哈

西班牙最知名的葡萄酒產區，位在北部艾布羅河（River Ebro）上游谷地，位處海洋性氣候與地中海型氣候交會的地帶，主要生產以田帕尼優混合格那希等品種釀成的混調式紅酒。常經木桶培養，酒風優雅均衡，亦頗耐久存。

中年的自信滋味

Palacios說，「從單一園的酒中，更能喝出自信！」這是釀酒多年之後的肺腑之言。

「酒的風格有著這麼大的轉折，過去喜愛你的酒迷們可以接受嗎？」

一位來自加拿大的朋友在由我擔任翻譯的品酒會上這樣問。釀酒師遲疑了一下，說這也是他常自問的問題。但他接著很感性地說：「那一年我四十五歲，我想我應該要開始釀自己想要的葡萄酒了。」這又再次證明我常說的，過了四十歲，男生們常常會開始進入人生第二次叛逆的青春期。但這樣的轉折與偏執卻常能開出帶著更多自信，也更迷人的美麗花朵。

回答問題的是Alvaro Palacios，西班牙最具影響力的釀酒師，從一九九〇年代以來，西班牙葡萄酒業所歷經的一場史無前例，至今仍未休止的復興運動，便是一九八九年時由他和幾位朋友一起點燃的。而這瓶改變風格的酒，正是L'Ermita，西班牙最稀珍昂價，每瓶近千美元的單一園紅酒。過去我所認識的L'Ermita是一款釀製極佳的地中海風紅酒，即使質地細緻，但卻是酒體濃厚飽滿且充滿力道的狠角色，顏色深黑，充滿礦石煙燻、甜熟水果與橡木桶香氣。但近年來卻轉為精巧秀氣、充滿靈

性的飄逸風格，第一次讓我覺得這款酒值得其傳奇的身價，在葡萄酒世界中獨樹一幟，即使鄰近的葡萄園都無此驚人的酒風。

以混調傳統的西班牙品種與原產法國的外來種成名的Palacios說，自二〇〇六年開始，他拔除了L'Ermita園中所有的卡本內蘇維濃，只留下如格那希*、佳麗濃（Carignan）與一些混在老樹間的白葡萄；全都是在地傳承數百年，全然適應當地乾熱環境的老種，其中有些甚至是已超過百年的老樹。現在全園九成都種植被Palacios稱為帶著神祕與靈氣，嬌嫩纖巧的格那希。

在普里奧拉（Priorat）的陽光下，卡本內蘇維濃在貧瘠的頁岩陡坡上常能釀出無處可見、濃縮性感的華麗格局，也許，更符合當年的流行酒風，但是，卻也常塗抹掉源自於土地與歷史的格那希風味。畢竟，顏色淺淡，酒精度高，皮薄少單寧，常帶香料與紅色漿果香氣的格那希，即使在普里奧拉的風土環境中常能有更結實雄偉的酒體，但卻難掩更近似黑皮諾的精細質地。在他眼中，來自波爾多的卡本內蘇維濃不太能適應當地過於乾熱的氣候，活得太辛苦、太掙扎，也許能釀出濃縮的粗獷紅酒，但卻難有如格那希一般的均衡與優雅質地。

拋掉成功的配方，也許顯得任性，但唯有因著歷練與歲月所琢磨出的成熟與自信，才能透過否定過去，成就出更獨一無二，更難以仿造與超越的酒中靈魂。Palacios說，「從單一園的酒中，更能喝出自信！」這應該不是虛玄的話語，而是釀酒多年之後的肺腑之言。我也過了四十五了，我知道最終觸動心弦的，常常只是獨唱的單音。

開瓶小講堂

格那希

原產自西班牙的釀酒黑葡萄，在當地稱為Garnacha，但在國際上其法文名Grenache較為通用，是西、法兩國地中海岸重要的品種，顏色淡，酒精度高，單寧不多，常帶香料與紅色漿果香氣，常混調其他品種，少單獨裝瓶。

古味重現

將採收後的葡萄整串放入巨型陶罐中，用蜂蠟封罐後，任其自行浸皮發酵數月後再開封取酒裝瓶，是數千年前的古法。

有了音域寬廣、聲音宏亮清脆、充滿表現力的鋼琴之後，我們為什麼還需要音量小、細節與強弱表現遜色許多的大鍵琴呢？至少，可以確定的是，在演奏巴哈的巴洛克古樂曲目時，缺了大鍵琴就難以原音重現。

現在雖然也有更先進精密、完全微電腦控制的榨汁機與釀酒槽，也有許多讓發酵更穩定、酒香更乾淨的人工選育酵母，但是，仍然有非常多的酒界名莊，依然採用老式垂直榨汁機，直接用附著在葡萄皮上的原生酵母來釀酒。或許麻煩費工一些，或許多一點意外風險，但卻可能釀成更貼近傳統與地方風味的葡萄酒。

還有一些更激進的釀酒師，試圖回到更久遠的年代，採用最原始的方法，讓五千年前的葡萄酒在二十一世紀原味重現。他們仿照葡萄酒起源地，高加索山區的古法，將採收後的葡萄整串放入巨型的陶罐中，用蜂蠟封罐後，任其自行浸皮發酵數月後再開封取酒裝瓶。

這種數千年前的古法，幾乎沒有技術可言，無溫控亦無添加酵母，一切從簡，依循自然，除了等待，完全不耗心力，釀酒師在採收完成後

就幾乎無事可做了。至於釀成的酒，常顯得粗獷，且有氧化與變質的疑慮，從現代釀酒學的角度看，常是有問題的瑕疵酒。因為陶罐會讓空氣穿透，滲入罐中，過度氧化也讓這些仿古的葡萄酒少有現代人習以為常的乾淨果香，大部分時候都稱不上可口美味，沒有膽識的葡萄酒新手最好還是不要輕易嘗試。

這些經數月泡皮的仿古酒，雖常採用白葡萄，但釀成的酒喝起來卻像是帶澀味的紅酒，顏色比白酒深且帶橘色，於是被稱為橘酒（Orange Wine）*。即使早有心理準備，但二〇一〇年第一次在巴黎品嘗到 Josko Gravner釀造的Ribolla和Bianco Breg兩款最經典的橘酒時，心中還是大罵，怎麼這麼難喝啊！

此後開始見到越來越多的酒莊採用陶罐以古法釀造，彷彿真的形成一個極端復古的小風潮，近年來也陸續品嘗過數百款以上的橘酒，除了來自義大利、法國與西班牙這些葡萄酒古國，現在連澳洲等新興產國也開始出現經古法於罐中數月泡皮的橘酒。

即使還無法真心喜愛，卻也開始慢慢發現其迷人之處。這些看似古樸簡單，相當硬實的橘酒，大部分的時候都需要多一點的耐心，有時長達數日，超長時間的換瓶醒酒，常能見識到其多變與耐久的驚人潛力。而橘酒有如回到過去的滋味，像極了古大提琴低沉渾厚的樂音，不是特別清澈明亮，卻反能心生沉靜之感；雖無奔放的青春果香，但因內斂深藏，即使仔細地一喝再喝，每回也都能見出新意。

開瓶小講堂

橘酒

白葡萄經過長時間泡皮的方式所釀成的葡萄酒類型，雖是數千年的古法，卻是近十多年來才又開始興起的新釀法。酒常帶有澀味，多於陶罐中釀造，容器的孔洞易讓空氣滲入，使酒的顏色因單寧氧化而變深且微帶一點橘紅色調。

流淌的清泉之味

白葡萄薩雷羅釀成的無泡白酒，雖然多是進入二十一世紀才出產的新潮流酒款，但儼然將成為佩內得斯或甚至整個加泰隆尼亞的經典招牌。

西班牙東北部的加泰隆尼亞自治區，是全歐洲最具創意的葡萄酒鄉，特別是位在巴塞隆納市南邊的佩內得斯（Penedès），酒種與酒風的多樣性相當驚人，什麼都有，什麼都不稀奇，全球無他處可與之相比。但創意與經典卻常相背反，佩內得斯除了可口易飲的Cava氣泡酒，也生產許多釀製極佳的國際風紅、白酒。但除了這些似曾相識的各色葡萄酒外，卻一直欠缺特屬於佩內得斯，烙印著在地本味，他處無可模仿的酒款。

從一九九四年第一次拜訪至今，直到最近幾年，才慢慢發現以白葡萄薩雷羅（Xarel-lo）*所釀成的無泡白酒，也許會是當地最為特出的酒風，雖然多是進入二十一世紀後才開始出產的新潮流酒款，有些還僅是兩、三年內新創，但儼然將是佩內得斯或甚至整個加泰隆尼亞的經典招牌。

其實，在西班牙，薩雷羅並非珍稀名種，因為頗適應各色土壤與環境，在加泰隆尼亞極為常見，大多混調其他品種釀成西班牙的國民氣泡酒Cava，偶爾才釀成單一品種的無泡白酒。其特性在於頗特別的酒體結

2013
RAVENTÓS
SANT SADURNÍ
XAREL·LO
VITICULTORS

構，酒精度不算太高，有強而有力的酸味，因葡萄有厚皮，酚類物質多一些，酒中常帶有一點點咬感質地，也頗耐氧化。更妙的是，香氣不太多，有一股樹根味，卻沒有太多果香，頂多一點點柑桔香，顯得有些沉靜內斂。

如此酒風也許非現下流行，卻極其特別，和地中海岸少酸多酒精，或香氣燦爛繽紛的白酒全然不同，雖然有充滿力道的酸味，酒精度僅及十二％，但卻無酸瘦之感，反而頗具架勢，常顯厚實質地。超迷你的Cal Raspallet酒莊以單一園Vinya dels Taus釀成的白酒Nun，便是此風的精英型酒款，即使全在橡木桶中進行發酵與培養近一年的時間，卻全然不為木桶所主宰，靈巧精緻卻力道渾厚，幾乎可與布根地的特級園Chevalier-Montrachet相比擬。

Celler Credo酒莊也有多款相當精彩的一〇〇％薩雷羅白酒，酒精度甚至更低，常僅十一．五％，酒風更為精緻純粹，例如Aloers，甚至帶一點留白的禪意；酒莊另一款完全無添加的自然酒Cap Ficat，成功地釀出礦石系的乾淨酒風，酸味明晰精確，喝來彷如內藏無窮的能量。

但最讓我著迷的，卻是Raventós i Blanc酒莊所釀，酒價更平實的Silencis白酒，同為一〇〇%的薩雷羅老藤，但只簡單在不鏽鋼桶內釀成，因全無過濾，在視覺上也許並不澄清通透，但其簡約的酒風卻展露出薩雷羅更為純淨無雜的一面，飲來如汩汩湧動的清泉，柔和似無，察覺時卻已暗藏力道地流淌而過。

開瓶小講堂

薩雷羅

加泰隆尼亞最重要的白葡萄品種，又稱為Pansa Blanca，原產於佩內得斯海岸區，一般用來釀造Cava氣泡酒，有強健的酒體，通常扮演主角，混調當地的馬卡貝歐（Macabeo）和帕雷亞達（Parellada）等品種，偶會混合夏多內，但很少單獨採用。

長翅膀的甜美天使

Patrick釀的甜酒意想不到的輕盈，喝上一口，酒液有如長著翅膀的甜美天使，翩然騰空般要飛了起來。

十九世紀時的世界名酒中，有極多數是香氣華麗，口味濃厚且甜潤的貴腐甜酒*，如波爾多的Sauterne、匈牙利的Tokaji，酒精度高，甜味也多，即使是現今以精巧細膩聞名的香檳，在當時也常是帶著許多甜味的肥胖型氣泡酒。有如巴洛克般的豪華風，是當年偏好的葡萄酒口味，遠勝過清爽的干白酒與結實硬挺的紅酒。

但從現在的審美角度看來，當時的酒風常顯得過度沉重，過度地金碧輝煌，少了一些現代口味中特別偏好的輕快新鮮，很難隨時來上一杯，也很難在餐桌上找到隨意配菜的位置，讓許多最難釀造、最耗工耗時的貴腐甜酒長年來承受極大的滯銷壓力。

在前往波爾多的路上，順道拜訪仰慕已久的Partick Baudouin酒莊。莊主Patrick雖然也釀造多款精細卻堅挺的耐久型干白酒，但他以酸味極佳的白梢楠葡萄（Chenin Blanc）釀成的貴腐甜酒，更是甜酒迷的夢幻風味。酒莊所在的萊陽丘（Coteaux du Layon）因為葡萄常有頗高的酸味，常能釀出法國口味最均衡的貴腐甜酒，特別是在萊陽溪右岸，滿布藍色頁岩的名園Quarts de Chaume，雖然有極為濃縮的甜度，但其酸味

總能讓原本遲滯肥膩的酒體產生輕快的律動與節奏。

Patrick釀的甜酒甚至還更進一步帶著一些輕飄的口感，因為酒精度常僅及十%～十一%，而非一般的十三%或甚至十四%，雖是頗多甜味的白酒，但卻有意想不到的輕盈，喝上一口，酒液有如長著翅膀的甜美天使般，突然就翩然騰空般要飛了起來，一種非常輕，如棉花糖般的甜。

我心中暗想，這不就是現代版貴腐甜酒的最好解答嗎？簡潔純淨，隨時都可以來上一杯，為充滿壓力的現代日常增添幸福感。

如此風味與均衡的甜酒，在法國除了名釀酒師Didier Dagueneau生前在居宏頌（Jurançon）產區所創的Les Jardin de Babylone甜酒外，在法國酒界仍屬少見。因為以酒精濃度所構成的酒體，在法國還是被視為葡萄酒的核心，少有法國的酒評家願意接受低酒精度的酒也具耐久的潛力與完美的均衡，雖然在德國，最受推崇的貴腐甜酒常僅有七%～九%的酒精度。

酒精濃度的高低常常決定酒在口中的重量感，讓其產生形體，不再只是如清水般地淡薄似無。除了酒精，甜味也會增加葡萄酒的體重，讓酒喝起來更濃更肥重。如果酒精度高又帶有許多未發酵完的糖分，自然要更顯甜膩，往往需要更多、更強、更有力道的酸味，才足以均衡沉重的酒體，若還要能顯出曼妙的婀娜姿態，即使酸味極高的白梢楠都難以達至。

但Patrick Baudouin含有多達一百五十四公克糖分的二〇一〇年Quarts de Chaume，卻因僅十一%的低酒精度，彷如失了地心引力，在舌尖飄然地升起乾淨純粹，充滿鮮果香氣的甜美酒汁。

開瓶小講堂

貴腐甜酒

葡萄成熟後，若天氣潮濕感染貴腐黴菌，葡萄皮會被菌絲穿透出數以萬計的小孔，並產生香濃的甜熟果香與蜂蜜香氣。若遇多陽乾燥的天氣，葡萄中的水分快速蒸發，味道更濃縮，甜度快速升高，經採收榨汁後，可發酵成帶有甜味與濃郁香氣的貴腐甜酒。

最難懂的雪莉酒

雪莉酒中無固有釀製法的，只有Palo Cortado一種。是不明原因，不預期發生的雪莉酒。

一部頗為動人，關於雪莉酒（Sherry）的紀錄片《El Misterio de Palo Cortado》開始在各國上映，為此塵封多時的老派葡萄酒業引來一些新的注目。主題是雪莉酒中最難懂，帶著幾分神祕的Palo Cortado。要解答葡萄酒的疑惑，有時從最難解的開始入手，反而更容易碰觸到真相的核心，此看似冷僻卻引人入勝的葡萄酒電影便是一例。

所有傳統的雪莉酒都屬於加烈白酒，但類型卻非常多樣，酒色從淡如水到深黑如墨，口味從極甜到極干，達十數種之多，各有其名，亦有特屬的製程工藝。如經生物培養*，顏色最淺淡，酒精度最低，酒體最干瘦，最適合餐前開胃的Fino；或如加烈到十七%酒精度，經過長年氧化培養，深琥珀色，奔放香氣中有乾果與咖啡，即使不帶甜味也非常圓潤厚實的Oloroso。也有兩段式的熟成，如Amontillado，是先經過跟Fino一樣，三年以上的生物培養，再加烈到十七%經多年氧化培養。

唯一無固有釀製法的，就只有Palo Cortado一種而已。沒有確切的釀法在於此酒在傳統上是因不明原因，不預期發生的，而非刻意釀造而成。既然是意外，沒有SOP，雪莉酒商除了等待並無他法。

21
LA BOTA DE
PALO CORTADO
Equipo

Palo Cortado大多是由風味最細緻的Fino轉變而成，也有可能是Amontillado轉變而來，但也有紀錄顯示，經過數十年的陳年之後，有極少數的例子是源自酒風較粗獷的Oloroso。從標準化的角度看，是其他類型雪莉酒的不良品，但在雪莉行家眼中卻可能是奇珍逸品，混合了雪莉酒中兩種製程完全相異的風格，常是雪莉廠最珍稀昂價的酒。例如專產珍稀陳年雪莉酒的Bodegas Tradición，其Palo Cortado平均耗時三十多年才得以製成，每年僅能生產兩千五百瓶。

根據雪莉酒公會的定義，釀酒師若發現木桶中輕巧細緻的Fino基酒轉變成較濃厚的風味，會在桶上打上「†」，加烈到十七%進行氧化式培養而成。其酒風介於精細的Amontillado與豐厚的Oloroso之間，有前者的細緻香氣和後者的圓潤口感。以今日釀酒科技的發展，有嚴格的控管機制，要發生酒質變異其實不太容易，許多酒莊多改用制式的釀法生產Palo Cortado，而非苦等意外發生，以至於有老酒迷們感嘆真正的版本其實已經失傳多時。僅留一些年代久遠的陳年Palo Cortado傳奇典範，如Osborne的Capuchino，一七九〇年開始生產，每年添加新酒至今，平均酒齡超過六十年的兩百多年混調。

不過，在雪莉產區裡還是有老廠仍以手工藝式的舊時古法，如Bodegas Valdespino，先以木桶釀造基酒，維持較多變異的可能，得以用來釀造真正傳統型的Palo Cortado，例如其均齡超過八十年的古酒Cardenal。便先用選自Fino Inocente與Amontillado Tio Diego的選桶添加進酒廠比較年輕的Palo Cortado C.P.（平均酒齡二十年），以此為基酒再添進Cardenal木桶組中緩慢熟成，是Palo Cortado最最極致的典範，如果一個雪莉酒迷有什麼不喝會死的滋味，應該就是這樣的味道了。

開瓶小講堂

生物培養

雪莉酒業特有的培養法，透過一種漂浮在雪莉酒表面，稱為「flor」的乳白色酵母菌來進行培養。Flor除了保護桶中培養的雪莉酒不會氧化，也會降低酒中的甘油與酸味，並會產生乙醛，使得經此培養的雪莉酒更細瘦少圓潤，並散發獨特香氣。

畸形與奇葩

大小不均、結果不完整，是必須淘汰的瑕疵果，但有些品種，如黑皮諾和夏多內，反因皮多汁少的特性，可釀成更深厚的珍釀。

有一些刻意釀造的葡萄酒，因過度地濃縮，酒風顯得誇張失衡，有一專門形容它們的名詞叫「怪獸酒」。其大多是極力降低產量，過熟晚摘，竭盡所能地萃取，再以全新重焙木桶培養而成。這種什麼都太超過的酒確曾流行一時，但因只求極度濃厚，少了優雅與均衡，只適合淺嘗一口，不是很耐喝，近來已不如往日受歡迎。

但如果是自然長成的畸形葡萄所釀成的酒呢？也會淪為怪獸酒嗎？

在葡萄開花季若遇大風雨，常會長出大小不均，結果不完整的無籽小果（millendage），因熟度不均勻，是必須淘汰的瑕疵果，例如在波爾多，常為酒莊帶來麻煩，不僅是拉低產量，因為熟度不佳，未免被工人誤採，還會在採收季前派人剪除。但有些品種，如黑皮諾和夏多內，反因無籽小果「皮多汁少」的特性，可釀成更深厚，且強勁有力的精彩珍釀，不只不會丟棄，有一些酒莊還會另外精選特釀。

天性嬌貴的黑皮諾須降低產量才能釀出個性風味，布根地酒業最傳奇的葡萄農Henri Jayer，就常將有較多無籽小果當成好年分的徵兆之一，如一九七八、八八、九〇、九一、九五等。但特別專門挑選這種

畸形小果釀造，最知名的，是Prieuré Roch酒莊的紅酒Clos des Corvées，此一夜—聖喬治（Nuits St. Georges）的一級園，有五．二公頃，為酒莊所獨佔，有石牆環繞的歷史名園，產自此園的正常葡萄都只釀成Nuits St. Georges 1er Cru，七十年以上的老樹則釀成Nuits St. Georges 1er Cru Vieilles Vignes，而僅用園內精選出的無籽小果釀成的，才以Clos des Corvées之名銷售，每年約只產三千瓶而已。除了稀有費工，也比同園的正常葡萄所釀來得結實嚴謹許多，濃一些，但也更內斂高雅。

而以無籽小果釀成的白酒當屬西澳Leeuwin Estate酒莊Art Series的夏多內最為知名，園中種植的是一種較容易結果不均的次級品系Gingin Clone，葡萄串常混生大小不一的厚皮葡萄，酒年輕時比同區其他白酒多出更加硬挺的質地，酒體深厚，雖帶點粗獷，卻也更耐久，數十年來都是澳洲最受推崇，也最耐久的夏多內白酒之一。

但除此澳洲經典夏多內白酒，新近在布根地的Pouilly-Vinzelles*產區也有La Soufrandière酒莊，以爺爺傳下來的Les Quarts園釀造特別版的 Cuvée Millerandée，特別從園中海拔最高、坡度最陡、石塊最多、土壤最貧瘠的八十年葡萄樹，挑選出結果不完全的無籽果釀造。莊主是自巴黎返鄉繼承家業的三兄弟，或許因為返鄉前並非釀酒專業出身，反能比區內的老牌名莊多出許多新奇有趣的想法。他們發現老藤因為樹勢弱，養分供給比較不足，較容易有空炮彈，加上這一區的貧瘠土壤，讓葡萄果串跟果粒又特別的小，決定要特別分開釀造一個特別版本。喝起來比正常版來得豐潤飽滿許多，卻也不顯癡肥，不只是更加濃縮，也有渾厚力道，而最為奇妙的是，竟也常有頗優雅的靜謐花香，畸形之果竟也能釀成葡萄酒美貌。

開瓶小講堂

Pouilly-Vinzelles

Vinzelles是布根地南邊一個僅有五十二公頃葡萄園的產酒小村，只產夏多內釀成的白酒，因過去都以更知名的酒村普依（Pouilly）為名銷售而有此名，為村莊級產區，近年來品質提升頗多。位在村子南方朝東坡的Les Quarts是村內最知名，也最優秀的葡萄園。

Chapter 3

On Vintage

年分的風雨與歲月滋味

年分的個性總讓人捉模不定，無論如何分析臆測，是好是壞、是特出還是經典，唯有時間能夠證明，只是，最後常會走出意想之外的路來。

風雨飄搖的滋味

Hudelot Noëllat 2013的Chambolle-Musigny，實在想不出還有什麼比這更可口鮮美的精緻飲料。

經過一年多的窖藏，市面上開始出現不少二〇一三年的布根地葡萄酒，也許是時候談談這個災禍不斷的年分了。那一年，有一半的時間待在法國拜訪酒莊，當年的天氣條件是多年寫作生涯所見最不利於葡萄生長的一年，極為寒冷潮濕，生長季延遲，開花不順，夏季遭遇嚴重冰雹災害，採收季依然濕冷如故，一直拖到十月，葡萄才很勉強地，在黴菌的威脅下，掙扎地成熟，酸味很多，甜度卻不足，不只是布根地，幾乎法國各主要產區皆是如此。

從二〇一一年開始，布根地就因天候條件不佳，連年欠收，而且一年少過一年，葡萄的價格一直居高不下。二〇一三年的採收季，葡萄農面對的是一個辛苦漫長，卻看不太到成果的悲觀年分。對於布根地的愛好者也一樣很折磨，產量低意味著即使年分不佳，價格卻可能更貴。二〇一四年春天再度前往布根地時，除了試喝數百款裝瓶後變得圓潤可口的二〇一二年，也試喝了一些還在培養中的二〇一三年。

第一家拜訪的，是梧玖（Vougeot）村*的Hudelot Noëllat，跟幾日前試完的可口二〇一二年相比，這次在冰冷酒窖中的二〇一三年初體驗，

2013

讓我更加憂心，十多款還在橡木桶中培養的黑皮諾紅酒，都因為酸味高且酒精度較低，香氣封閉，口感顯得相當酸瘦，不是很迷人。讓我一時之間懷疑是否該跳過二〇一三年，多買一些口感豐潤的二〇一二年。

二〇一五年春天再度前往，花了兩星期的時間品嘗數百款的新酒，二〇一三年多已完成裝瓶，完完全全出乎意料，釀成的黑皮諾發展出許多新鮮純淨的果香，淡雅可口，帶有清新酸味，雖少見深厚酒體，但多有細柔的精緻單寧，大多比一一年和一二年還細緻迷人，亦無原本擔憂因葡萄不熟而有的粗獷咬口，更無〇四年的酸瘦和草味。最近再飲Hudelot Noëllat 2013的Chambolle-Musigny，實在想不出還有什麼比這更可口鮮美的精緻飲料。該擔心的反倒不是能否陳年，而是會不會一下子就喝光一整箱。

布根地紅酒的年分個性總讓人捉摸不定，無論如何分析臆測，最後總是會走出意想之外的路來，但卻萬萬沒想到，歷經飄搖風雨、最受摧折的葡萄，最後釀成的，竟是這樣的柔美滋味。

我們總相信在水果攤東挑西揀那些看起來健康美麗、外表完美無瑕的水果是最美味的選擇，但事實卻常非如此。釀酒的葡萄其實也一樣自有價值，不熟的葡萄也許不是特別甜美可口，但釀成酒之後卻有更苗條輕盈的酒體；較高的酸味也常意味著更多的新鮮感，甚至於，更為耐久。混雜著一些感染病菌的葡萄也許會犧牲一些乾淨純粹的風格，但卻可能帶來更完滿多變的酒香。

二〇一三年的美妙滋味並非受到上天的慈悲眷顧，僅只是我們對於好年分的想像過於盲目與刻板。

開瓶小講堂

梧玖村

布根地夜丘區的知名酒村，因將近千年的歷史名園Clos de Vougeot而聞名全球。曾為熙篤會的產業，由修士耕作經營數世紀之久，在園中建有酒窖釀酒。村內主產的紅酒，酒風較隔鄰的酒村還要堅實堅硬一些，雖頗耐久，但較少精緻與豐厚格局。

波爾多弱滋味

在波爾多的新酒品嘗會試飲了四百多款初釀成的二〇一三年分，赫然發現，踩在葡萄農的痛苦與傷口上所釀成的凶災滋味，竟是如此溫柔與甘美。

二〇一三年的波爾多，像是一場幾近完美的災難片，讓擁有高科技的專業團隊即使搬出最先進的光譜儀選果機也一樣無計可施，有很長的一段時間，頂級尊貴的波爾多列級酒莊主們已經忘了葡萄酒業，其實也是靠天吃飯的農產加工業。

「波爾多紅酒好年分該有的五項條件，二〇一三年一個也沒有達到。」波爾多大學葡萄酒中心教授Denis Dubourdieu在Ch. Figeac舉行的官方記者會上為這個讓葡萄農驚心動魄的艱難年分下了這樣的結論。

這一年，濕冷漫長的冬季一直延續到春天，發芽已經晚了近三週的葡萄，在開花季遇上暴雨，葡萄園不是嚴重落果就是結成無籽小果。特別酷熱的夏季又形成如乒乓球般的巨型冰雹，毫無保留地摧毀一萬兩千公頃的波爾多葡萄園。九月接連出現暴雨與高溫，在採收季之前，讓原本已經脆弱皮薄的葡萄染上灰黴菌，一些未及早採收的酒莊只能看著整園的葡萄在一夜間悉數發霉爛掉。

除了要靠壞天氣長黴菌的貴腐甜酒和稍不熟的葡萄反能保有清爽的白酒，二〇一三年的波爾多紅酒正是這些災禍的總結。顏色淺淡，酒體

偏瘦弱，佳者清新淡雅，頗為均衡可口，但劣者卻顯粗糙乾瘠，有骨無肉，也有如Hosana或Quinault L'Enclos，索性完全停產。

無論好壞年分，都慣常維持濃厚堅固酒風的Ch. Angelus，在二〇一三年都只勉強地釀出柔和順口的淺淡紅酒；而Ch. Cheval Blanc更是顯得溫柔淡雅。但其不服輸的鄰居Ch. La Dominique耗盡努力，卻還是只能在酒中徒留粗獷乾瘦的醜惡單寧。向來以雄偉格局聞名的Château Latour卻出現如布根地紅酒般酒體輕巧，質地絲滑的優雅風姿。

Margaux村的名莊Ch. Palmer，近十年來常轉為深厚強健的酒風，在二〇一三又重見過去的精巧，連酒莊總管Thomas Duroux都說這是一個懷舊的年分。確實，已經有很長的一段時間，波爾多追求深厚飽滿與強力結實，而忘記均衡優雅才是其特長。

對於已經習慣像二〇〇五、二〇〇九和二〇一〇這些濃厚強力年分的波爾多飲者，二〇一三確實是一個可以忘卻的慘淡年分。但跟我一樣鍾愛均衡與細膩變化，而且相信不是只有堅硬多澀才能耐久的酒迷們，卻可以從二〇一三年分中挑撿出許多走過風雨，卻迷人可口的弱滋味，那是一個已經被波爾多忘卻許久的美味價值。

如同所有的災難片，再大的浩劫總會結束，而且播下新生的力量。感謝如此完美絕情的災難，逼迫波爾多的釀酒師不得不提早採收，不得不小心萃取，不得不減少使用新橡木桶培養，卻意外地在酒中多留下一些自然真諦。

花了一個星期在波爾多的En Primeur*新酒品嘗會試飲了四百多款初釀成的二〇一三年分之後，赫然發現，原來踩在葡萄農的痛苦與傷口上所釀成的凶災滋味，竟會是如此的溫柔與甘美。

開瓶小講堂

En Primeur（新酒預售）

波爾多頂級葡萄酒的特殊銷售模式，城堡酒莊在新酒初釀成的隔年春天舉行試飲會，並開始透過波爾多的酒商公開預售這些還在進行培養，一年多之後才會裝瓶上市的葡萄酒。交貨之前，預購的期酒也可以在市場上以行情價格交易轉手。

那帕各表

二〇一一年的Les Belles Collines是在凶災中另開一徑的良例，二次果實逃過十月大雨的折磨，意外釀成了質地細膩、香氣內斂的礦石風那帕谷紅酒。

有好一陣子了，二〇一一年加州那帕谷（Napa Valley）*的頂級卡本內蘇維濃紅酒，經過兩、三年的熟成後，紛紛上市。說這是近十多年來天候條件最差的年分，應該不會有人反對，甚至有人覺得只有一九七二的淒慘度足與相比。特別是擠在二〇一〇和二〇一二兩個超級成功的世紀年分之間，更顯得二〇一一像是那帕谷紅酒的凶災之年。開花不順，葡萄產量僅及常年的一半，採收季下了連綿不斷的雨，寒涼少陽光，有些酒莊一直等到十一月才完成採收，但成熟延遲的葡萄偏又感染了許多黴菌。

如此糟糕的自然條件，原該是酒迷避之唯恐不及的壞年分，但以今日葡萄種植與釀造的技術，這一極為艱難，走過風雨的年分，卻又造就了一些頗為難得、相當迷人的新意。特別是那帕谷經常讓味覺感到疲累的高酒精度，在二〇一一年都被不得不回到更加均衡的十三%。

以優雅酒風聞名的Spottswoode莊主Beth Novak說，我們認為理想的酒精度是十四．五%，但二〇一一年即使再努力也過不了十四%，是近十多年來的新低。但他們並沒有久候，早早採收，小心釀製，現在喝來頗

LES BELLES COLLINES
CABERNET SAUVIGNON
NAPA VALLEY VINTAGE

為清新，質地細緻果味豐沛，將來應該也能熟成為相當優雅耐久的陳年美釀，像她特別帶來酒莊珍藏的一九九六和一九八四年分，但頗耐人尋味的是，這兩款的酒精度都僅有十三・五%與十三・二%，遠遠及不上現在的理想熟度。

在更早的一九七〇年代，那帕谷產的卡本內蘇維濃紅酒，酒精度甚至大多僅有十二・五%而已，但現在喝來卻都仍相當均衡，有些甚至還帶著活力和果味，耐久潛力驚人。和現在動輒十五%的那帕紅酒，有著截然不同的酒風，但絕不遜色。

二〇一一年的Les Belles Collines卻是在凶災中另開一徑的良例。莊主潘大鈞說，因開花不順，有許多二次開花結成的果實，因極晚熟，通常丟棄不用，但二〇一一年的二次果實逃過十月大雨的折磨，品質反而更佳，他決定大量採用，卻意外釀成了質地細膩、香氣低調內斂的礦石風那帕谷紅酒。

Joseph Phelps的Insignia，是二〇一一年分老牌名廠中表現最佳的旗艦酒之一，身段窈窕卻仍有王者之風。成功的祕密在於不迷信單一園或單一酒區，巧妙運用谷地南冷北熱的多樣氣候條件，混調酒莊分布在谷地各區的五片自有葡萄園中的五個波爾多品種。於是，造就了在保有年分特性的同時，還能有極為穩定的品質與特屬於Insignia的酒莊風格。

感謝上天，一個慘淡的艱辛年分，那帕谷的紅酒總算不再是一成不變的濃郁與甜熟。

開瓶小講堂

那帕谷

美國最知名，也最昂貴的葡萄酒產區，位在加州的北海岸，以產世界級的卡本內蘇維濃聞名。南接San Pablo灣較為冷涼，但谷地中、北段氣候溫暖多陽，常可釀成果香奔放、酒體龐大深厚的濃郁紅酒。

關於波爾多經典

二〇一〇年，大部分的酒莊都釀出相當精彩而且呼應年分風格的酒風，但這只是自然中的偶然之作，絕非波爾多的經典。

從二〇一二年底開始，拜訪了三百多家波爾多的酒莊，除了培養中還未裝瓶的新酒，最常品試和討論的，總不時繞著二〇〇九和二〇一〇這兩個有史以來最為昂價的波爾多紅酒年分。大部分城堡莊主或釀酒師都頗引以為豪，特別是二〇一〇年，被視為是一個生涯僅見、風格經典的偉大年分。相較起來，風格甜熟的二〇〇九年，在裝瓶之後，波爾多酒業內開始出現一些雜音，其豐厚性感的酒風遠離波爾多經典，耐久潛力也受到一些質疑。

但無論〇九或一〇，從我的角度看都很難說是波爾多經典，雖然它們確實都是過去相當難得，現在卻又出現得太頻繁的世紀年分。

波爾多位處法國西南角的大西洋岸，屬溫帶海洋性氣候，雨水多一些，較為潮濕，因有北大西洋暖流帶來的海洋調劑，氣候溫和，冬季不會太冷，夏季亦不過熱，早晚的日夜溫差也不大，種出的葡萄較難長出厚皮，單寧與紅色素也少一些，但卻可能有更均衡細緻的質地與優雅均衡的中等酒體。相反地，大陸性氣候區的極端特性，高溫差的效應會讓葡萄長出厚皮，內藏許多的單寧和紅色素，而夜間的低溫也可以讓白天

2010

過熱的葡萄暫時停止成熟，足以讓葡萄在高成熟度時卻還能保留許多的爽口酸味。釀成的酒風深厚結實，顏色深黑，有許多的單寧，酒精度高，但同時保有酸味與活力。

如果比較二〇一〇的年分特性與這些產自大陸性氣候區的葡萄酒特點，你會發現兩者其實完全吻合。會有如此年分出現在波爾多，主要肇因於當年乾燥少雨的天氣以及夜間的低溫所營造成的高溫差效應。從我的角度看，二〇一〇其實是一個具大陸性氣候區風格的波爾多年分，在這一年，因為天氣影響太大，大部分的酒莊都釀出相當精彩而且呼應年分風格的酒風，但關鍵的是，這只是自然中的偶然之作，絕非波爾多的經典。

有趣的是，二〇一〇年現在卻變成了波爾多好年分的標準，一個背反於海洋性氣候的風格，只是，吹捧二〇一〇年似乎也同時否定了波爾多自己的長處。想要釀出這樣酒風的莊主，其實應該去西班牙內陸的斗羅河岸（Ribera del Duero）*產區，而不是留在波爾多。在西班牙內陸高原上確實也產出不少極為精彩，以波爾多品種釀成的紅酒，如Abadia

Retuerta酒莊的Pago Valdebelloón，在那裡，無需等待，每年都能生產類似二〇一〇年波爾多的紅酒。

好年分與經典年分的差別在於，好年分是用一個絕對的標準來看，而經典年分著重的是地方風格的展現。當波爾多的莊主與愛好者們，心中想著二〇一〇這個以絕對標準來看堪稱偉大的傳世年分，以此為標準，當喝到精緻優雅、有些輕巧的二〇一一年分，自然也不會認為值得注意，即使價格更低也是乏人問津，但那卻可能是更貼近波爾多本質的迷人年分。

忘記天候異常的二〇〇九與二〇一〇，回歸波爾多自身，也許才能找回真正屬於波爾多，別處無可仿照的自我風味。

開瓶小講堂

斗羅河岸

西班牙中部高原上的明星產區，主要種植西班牙最具代表的田帕尼優（Tempranillo）葡萄，其乾燥極端的內陸高原氣候環境，讓田帕尼優長出厚皮與深黑皮色，釀成的紅酒色深多酸，有高酒精度，酒體龐大卻頗均衡，相當濃厚且耐久。

雪松與瓢蟲

甲氧基吡嗪（methoxypyrazines），看似饒舌難記，但卻是葡萄酒裡頗常聞到的香氣分子。例如卡本內蘇維濃的青椒味，或白蘇維濃的青草味，都因其而起，特別是葡萄還未全然成熟時，草味更濃，但若只是細微的植物系氣味，也可能成為相當優雅的酒香，如頂級波爾多的雪松香氣。

但這並非葡萄所獨有的香味，例如瓢蟲身上也有甲氧基吡嗪，在交配與遇險時噴發，採收季徘徊葡萄園的紅色小蟲，常是有機種植的美麗象徵，但身上的氣味是否也會為葡萄酒帶來「動物性」的草味呢？

第一次聽聞，是二〇〇四年的布根地葡萄酒，在這個產量大，卻寒冷潮濕的年分裡，葡萄的成熟度普遍不太理想，有些區域還受到嚴重的冰雹災害，無論紅、白酒的酒體都偏瘦，酸味也高，果香雖清新，但也有一部分的酒帶些青草味，嚴重的，甚至有相當明顯，聞起來不太愉悅的「臭青味」。

這一年，布根地的頂尖名莊Domaine Leroy停產所有特級園與一級園的紅酒，將之混入等級與價格都低非常多的村莊園，這讓許多布根地酒

Chanson所釀造的Les Vergelesses紅酒，成熟的櫻桃酒香鮮美依舊，但多了一些深沉的礦石氣。

迷對原已不被看好的二〇〇四年，更多了一層疑慮。因不熟而有草梗味是教科書上的標準說法，但也有釀酒師和專家，如Bill Nelson，相信是當年採收季出現的大量瓢蟲，混進釀酒槽所留下的甲氧基吡嗪痕跡，他甚至認為他所品試過的二〇〇四布根地葡萄酒中，有三分之一以上遭受瓢蟲感染。不過，問過幾位莊主與釀酒師，雖也有人認為或有可能，但大多一笑置之。

現在市場最常見，酒體輕柔可口的二〇一一年分，是繼二〇〇四之後的另一多瓢蟲之年，但不同的是，無論紅酒或白酒，卻很少聞到草味。年分風格的因子，應該比我們想像的還要複雜許多。

十多年過去了，當年價格頗為平實的二〇〇四年開始進入成熟期，原本一些因為較不成熟而帶有一些草味的白酒，在進入成熟期之後，開始轉變成蘆筍味，反而有些像是更常有草味的陳年白蘇維濃。紅酒的轉變也頗特別，因為酸味頗高，原有的果香似乎仍然鮮美，但帶草味的黑皮諾開始轉成如蕨葉與濕土的森林氣息，似乎也頗為迷人。

因為產量頗大、價格低廉，剛上市時買了不少二〇〇四，現在大多優雅地成熟出精細多變的質地，例如最近剛喝Domaine* Chanson所釀造的Pernand-Vergelesse村一級園Les Vergelesses紅酒，成熟的櫻桃酒香鮮美依舊，但多了一些深沉的礦石氣，喝來清爽輕盈，不濃卻很有勁道，至於青草味，卻是嗅聞不出。因上市時名聲不佳，市面上也還有不少二○○四年現貨，價格還仍低於晚近的新年分，偏好酸淡酒風的人，非常值得多買。

開瓶小講堂

Domaine（獨立酒莊）

此法文字為莊園之意，但在法國葡萄酒的標示法上則嚴格限定：只有全部採用自有莊園所種植生產的葡萄釀造的酒莊，才能以domaine自稱。若為採買葡萄釀造，則為酒商：maison或négociant。但在其他國家對domaine一字並無特別規範。

暖化下的香檳滋味

全球暖化除了讓我們被迫要過減碳生活，還能給我們什麼呢？

位在法國北部的香檳區因氣候寒冷，得以生產酸味爽口迷人、全世界最精彩的氣泡酒。但在法國熱死了數萬人的二〇〇三年夏天，持續的高溫讓香檳區的葡萄酸味驟降、糖分暴增，比往年成熟得快，竟然提早在八月十八日即開始採收，創下了一百八十一年來最早的紀錄。排名第二的是又乾又熱的一九七六年，日期是九月一日，即使是以炎熱出名的一九五九年，葡萄的採收也是在九月十日才開始。

這些過熱的年分會讓釀成的葡萄酒缺乏酸味，而且有較高的酒精，容易氧化，熟成的速度也比較快，對於香檳氣泡酒來說，都是致命傷吧！但畢竟我們的地球不僅越來越熱，氣候也越來越不穩定，新年分的香檳必定也要隨著自然一起改變。

許多香檳廠都在二〇〇三年放棄生產年分香檳，只混入一般無年分香檳的基酒之中。但並不是全部的香檳廠都這樣想，還是有人用不同的角度看待二〇〇三年，例如已推出二〇〇三年分香檳的一線名廠Bollinger。而香檳最大廠Moët & Chandon，也在熟成較慢的二〇〇二年

地球越來越熱，氣候也越來越不穩定，新年分的香檳必定也要隨著自然一起改變。

分之前，推出二〇〇三年的Grand Vintage。如果你想試試香檳裡的全球暖化滋味，也許二〇〇三年可以是一個典型範例。雖然我還不確定這樣風格的香檳是否會成為新的經典風味，但可以肯定的是，將來這樣的香檳會變得越來越常見。

全球喝過最多香檳的極權威專家Richard Juhlin說：二〇〇三年跟一九五九以及一九七六這兩個偉大年分，在天氣條件上有一些類似。他似乎並沒有否定二〇〇三年分可能存在的價值。他甚至為他的孫兒期盼二〇〇三年會跟這兩個異常炎熱的年分一樣，意外地成為極耐久且能優雅熟成的年分。

確實，現在Moët & Chandon的一九五九以及一九七六年分，喝起來都還相當年輕，在豐富多變的香氣中，有著極均衡、輕盈靈巧的滋味，雖然它們在數十年前剛釀成時，酸味不多，酒精度卻很高，稱不上是古典風味的香檳，但卻都由時間證明了它們的潛力。

至於二〇〇三年是否也能如此，也一樣唯有時間可以給我們答案。不過，在我喝來，香氣頗濃熟，酸味雖不多，但卻微帶澀味，酒廠的首席釀酒師Benoit Gouez認為這是炎熱年分特有的特性，除了可讓香檳更有個性，或許也有利酒的保存。不同於白香檳，二〇〇三年的粉紅香檳*因為添加了品質優異、特別濃厚成熟的紅酒，卻是非常可愛迷人，頗為親切順口。

如果你還是只鍾愛充滿活力酸味的香檳，在喝完二〇〇〇年之後，還請稍多一點耐心等待二〇〇二和二〇〇四年分吧！畢竟這樣的年分將越來越少見了。

開瓶小講堂

粉紅香檳

雖然香檳多以黑葡萄混合白葡萄釀成，不過，多數的香檳都是無色或帶點金黃的白香檳，僅有極小比例為帶微微桃紅色的粉紅香檳。不同於粉紅酒多透過直接榨汁或經短暫泡皮釀成，粉紅香檳則多以添加一點紅酒調配，有較濃厚硬實的風格。

青春永駐的Bourgogne

在Anne Gros酒莊的一九七八年分品嘗會，低階的Bourgogne卻反而更加新鮮年輕，雖有毛皮與菌菇香氣，但仍保有誘人的黑皮諾果香。

每隔兩年的三月，布根地會舉辦為期一週、近千家酒莊參與的酒展Les Grands Jours de Bourgogne，主要品嘗兩年前生產、剛上市或即將上市的新年分。品酒的場地設在酒村內，參與的名莊非常多，是認識布根地新年分的最佳機會，自一九九八年至二〇一八年間，我僅缺席過一次。

因稀有與精彩的酒相當多，即使經過挑選，每天要品嘗的酒數量還是非常多，例如週二夜丘區連五場共十村的品酒會，從早上到傍晚，常要品試百餘款的紅酒，而且常常超過半數是等級最高、最珍貴的特級園（Grand Cru）*。

在酒展期間，很多酒莊會同時舉辦小型的私人品酒會，有時比主活動更加有趣，即使舌頭已經相當疲累，仍會提起精神前往品嘗。例如Camille Giroud的老年分品嘗，這家原本非常老派，但在二〇〇二年被美國釀酒師Ann Colgin等人買下的布根地酒商，常會推出多年分的垂直試飲，酒都釀得相當精緻收斂，而且符應年分風格，可以確定的是絕對不是美國風。

1978

但最讓人懷念的，卻常是前任莊主時期的老酒品嘗，例如一九七六年分的哲維瑞—香貝丹（Geverey Chambertin）一級園Lavaux St. Jacques，Camille Giroud早期的酒風獨特，常有大量單寧，年輕時常澀到難以入口。經過近四十年，原本粗獷的口感現在喝起來卻相當優雅，而且散發著多變的陳年香氣。黑皮諾也許不需要很多單寧就能耐久放，但Camille Giroud至少證明了很多單寧也可耐久，只是，這樣的頑固酒風很難討好現代的酒迷，經不起連年虧損，最後賠掉了百年的家族產業，這瓶成熟得相當好的一九七六現在喝起來感覺特別悲壯。

在Les Grands Jours de Bourgogne有相當多品飲布根地老酒的機會，即使行程再趕，也會再三努力地喬出時間，記憶所及，最久遠的是一九○七年的Corton紅酒。但最難忘的一回，卻是布根地女釀酒師聯盟在Anne Gros酒莊的一九七八年分品嘗會，Domaine Duc de Magenta帶來該年分、酒莊內等級最低的Bourgogne紅酒，一起品試的包括同年分Anne Gros酒莊的特級園Clos de Vougeot。兩款價差數十倍的黑皮諾紅酒，在三十餘年後，低階的Bourgogne卻反而更加地新鮮年輕，雖有毛皮與菌菇香氣，但仍然保有誘人的黑皮諾果香。

在葡萄酒的世界裡，時間常能告訴我們許多事。對我來說，這並非特例，一瓶清淡廉價的Bourgogne確實常能比昂價的特級葡萄園更耐久放，只是，沒有人願意真誠地勇敢面對。特級園確實自有價值，但是否真的都比較耐久，還是讓時間來分辨吧！

開瓶小講堂

特級園

布根地等級最高的葡萄園，大多是知名酒村內條件最好的歷史名園，一共有三十三片，僅占全布根地不到一．五%的葡萄園面積，除了各自成為獨立的法定產區外，也有更嚴格的生產規定。除了Chablis Grand Cru外，全都位在最精華的金丘區內。

美味的壞年分

一九七五年的Côte de Brouilly，雖是此產區在一九七〇年代最差的年分之一，但歷經多年的時光摧折，卻依然鮮美健朗、酒香奔放。

一九七五年出生的舊友來訪，趁機開了一瓶生日年的薄酒來特級村莊：Côte de Brouilly*待客，雖是此產區在一九七〇年代最差的年分之一，但歷經多年的時光摧折，卻依然鮮美健朗、酒香奔放、質地絲滑，實在好喝極了。晚餐的前菜是沙丁魚，主菜則是帶骨的厚切牛排，一路喝來無論山產或海味，紅肉或白肉，口味都頗相合，用著波爾多郊區酒館裡的小酒杯大口暢飲，吃喝盡興，與遠來舊友的稀落情誼似又熱絡起來。

若翻看當年酒評家對一九七五年的酒質評價，普遍認為是令人失望，需要盡快喝完，是完全可以忽略的脆弱年分。也許，那年從夏季到初秋的連綿大雨確實讓許多葡萄沾染黴菌，初釀成時，也許也曾酸瘦難飲。但這些，都已經是陳年舊事了，就像是朋友間的猜疑與爭吵，和著十幾或數十年的時光，都該早已消融奇角，再錐心難忍的痛與恨也該早化成美好的年華記憶。

因為生產許多在十一月就趕早上市的新酒，對葡萄酒稍有涉獵的人都會以為薄酒來是要趁鮮早喝的紅酒，在採收隔年的復活節前開瓶喝

1975
VIN DU
"Vignoble de la Côte
L. BASSY,
PIERREUX

盡。但這卻與實情有所出入，一來，早點適飲的酒不一定就較快衰敗，二來，僅約三分之一的薄酒來屬需急著在年內喝完的新酒，其餘當地產的紅酒大部分都能存上數年。

特別是那些法文稱為cru de Beaujolais的薄酒來特級村莊紅酒，產自十個位處產區北部，產酒條件最佳的酒村，如Morgon、Fleurie、Chénas、Moulin à Vent、Juliénas和Côte de Brouilly等等，村內貧瘠多石的火成岩山坡，或花崗岩，或頁岩，都是加美（Gamay）葡萄最珍貴的葡萄園，釀成的酒雖頗具個性，但也相當鮮美，可年輕早飲，但卻又極為耐久。只是因薄酒來新酒的壞名聲，成為法國最被輕忽低估的葡萄酒。

近年來品嘗過數十款一九五〇到一九七〇年代間的薄酒來特級村莊紅酒，即使是看似有疑慮的壞年分，也常能展露迷人的歲月風華滋味，完全敗壞不可飲的，反而少見。在耐久的潛力上，較諸布根地、隆河或波爾多這些世界級的名產區，竟然是有過之而無不及。

需知釀製薄酒來的加美葡萄，從學理上看，皮薄果粒大，含有較少抗氧化的酚類物質，釀成的紅酒雖多花果香，但顏色淡，酒體柔軟單薄，也許酸味稍多，但口感不是特別緊實堅挺，若依常理推斷，絕非堅實耐久之才。只是，葡萄酒的陳年雖似有定律，但亦混沌不明，一瓶酒是否能耐久，其實帶著更多不可解的神祕，我們知道的，遠比我們自以為知道的還要少，而真相總是要到開瓶之後，才能真的展現。

開瓶小講堂

Côte de Brouilly

位在海拔四百八十公尺，由變質閃長岩所構成的巨型獨立圓丘。山頂為樹林，四面山坡布滿三百五十公頃的葡萄園，所產的紅酒顏色特別深，酒體厚實，在果香外常帶有一點煙燻與礦石氣，常有不錯的單寧結構，也頗能耐久。南坡的葡萄園，口感特別圓潤甜熟。

陳年的意義

並非每一種酒都可以陳年，或者說，可以因為時間而變得更好，並且變化出陳年的香氣和口感。

存了多少年的葡萄酒才稱得上是陳年呢？有人在我的部落格上這樣問。我相信很多人都有這樣的困擾，包括我自己。即使聽了許多專家的意見，但答案往往最後還是要等開瓶後才會揭曉。

我們也許知道一個男人過了四十歲就開始有一些陳年的味道了，但是，葡萄酒呢？即使我真的很想給一個數字，但卻很難，畢竟，這絕對不是一個選擇題或填充題。最關鍵的是，並非每一種酒都可以陳年，或者說，可以因為時間而變得更好，並且變化出陳年的香氣和口感。無法存上四、五年的葡萄酒通常就不會被認為是具有陳年潛力的酒，而且，在全世界每年出產近三百億公升的葡萄酒中，絕大多數都不適合陳年。

例如香氣奔放的紐西蘭白蘇維濃，這一類的干白酒剛釀成就有青草與熱帶水果的香氣，但兩、三年之後，酒慢慢地出現蘆筍或貓尿味，這樣的酒大部分的人都不認為可陳年，也因此，很少人會把帶著蘆筍或貓尿味的白蘇維濃當成是陳年的葡萄酒，頂多是太老不好喝的酒，除非有人特別喜歡這樣的香氣。對於葡萄酒，我生性節儉，這種過老的白蘇維濃留著配山羊乳酪或水煮白蘆筍也未嘗不好。而且，這樣的白酒已經比

Bibes
GRAND VIN
DE
CHATEAU LATOUR

許多為了迎合市場口味與降低成本，用技術千方算計改造釀成的酒還具潛力了。

在法國，葡萄酒的香氣稱為arome（即英文的aroma），但是，陳年的酒香卻稱為bouquet，那是指只有在瓶中培養才會出現的香氣，像毛皮、蕈菇、香料或秋季森林的氣息等等，bouquet的原意是花束的意思，陳年的香氣還必須如花束一般，由不同多變的香氣所構成，太單一的酒香也稱不上是bouquet，無法產生bouquet的酒就很難被當成是精彩的好酒。

要解釋存了多久的時間才算陳年，至少要考慮包括品種、產區、酒莊、年分和儲存條件等，變數很多。例如麗絲玲葡萄釀成的干白酒也許要七到八年，但維歐尼耶（Viognier）卻只要二到三年；又例如同樣是灰皮諾（Pinot Gris）*，北義一般的灰皮諾只要一到二年，如果是Collio也許四到五年，但法國阿爾薩斯的灰皮諾卻要五到六年；同村子的酒莊，也以卡本內蘇維濃葡萄為主，Ch. Latour要十到二十年，隔鄰的Ch. Haut-Bages Libéral卻只要五到八年；而即便是同一家酒莊，Ch.

Haut Brion的一九九九年分，七到八年就開始有些陳年風味，但隔年的二〇〇〇年也許要十到十五年以上。

甚至於同一瓶酒，二〇〇五年分剛上市的Ornellaia紅酒，如果買來放在攝氏十度恆溫的酒窖，也許至少要八到九年，但如果放到我攝氏十五度的酒窖裡，也許可以提早個兩、三年，要是藏在衣櫥裡，或許會早上五、六年，但是卻很難保證在壞掉之前就會出現陳年的滋味。

答案也許是咫尺天涯吧！自己開瓶喝看看也許是最好的解答。

開瓶小講堂

灰皮諾

原產自法國布根地的粉紅葡萄品種，是由黑皮諾突變產生，在法國稱為Pinot Gris，但在義大利則稱為Pinot Grigio，寫法不同，釀成的酒風也不同。前者多釀成酒香甜熟、口感圓潤厚實，甚至帶一點甜味的濃厚型白酒；後者則多新鮮果香，口感多酸，清爽頗易飲。

時光交錯的波特滋味

Graham's濃厚結實的1970 Vintage Port，因幾十年緩慢的瓶中熟成，幻化成如絲般滑細的優雅紅酒；而原該多細微變化的1969 Colheita，卻因幾十年來在桶中不斷蒸發，變成濃縮的硬挺陳酒。

人生，雖看似迂迴曲折，但常自有進程。葡萄酒的熟成轉變也是，特別是一些風味非常獨特，表面看來恆固不變的加烈酒*，在時光交錯的流轉間，卻常蛻變出與原初截然不同的風貌。只是這些充滿意外轉折的驚奇，僅只保留給願意耐心等候的人。

雖然餐後喝杯產自葡萄牙北部的波特酒（Port）已不再時髦，甚至有些顯老，但陳年的波特紅酒至今卻仍行情大好。因屬加烈甜酒，酒精度高達二十%，又甜又濃，陳放數十年仍不易敗壞，甚至變得更好，自然有不少追隨的愛好者。波特的酒種繁雜，大多是混調而成。但最頂級的兩種，卻都只用單一年分釀造，且只在最佳的年分才生產，一稱為Vintage，另一個稱為Colheita，意思都一樣是年分，前者為英文，後者為葡萄牙文，不過，卻是兩種截然不同的波特。

Vintage最濃厚昂價，初釀成時酒色深黑如墨，膏稠的肥厚酒體即使帶有非常多的甜味，仍難均衡酒中堅硬粗澀的單寧。通常在木槽裡熟成一、兩年就會裝瓶上市，但買年輕的Vintage喝其實有點活受罪，其成熟適飲期常在二十年之後，久一些的可能要四、五十年，如果不是要買給

1970
REGISTERED BRAND
W.J
GRAHAM
OPORTO
W. & J.
GRAHAM'S
ESTABLISHED 1820
1969
HARVEST
TAWNY PORT
20%vol.
ESTATES, VINHOS, LDA., OPORTO. PRODUCT OF PORTUGAL
LIMITED
BOTTLE NUMBER
178
2
OF CASK NUMBER
~matured COLHEITA PORT
to a perfect peak of maturity
Graham's Port lodge built
in 1890

兒孫享用，常常只會白忙一場。

Colheita就不一樣了，屬於經過長期氧化式培養的Tawny類型，新酒釀成之後，會一直存在五百多公升裝的老舊橡木桶中陳年，少則數年，或更常見的，數十年或甚至上百年時間。空氣不斷地從桶壁滲入酒中，透過氧化的過程熟化單寧，口感質地變得絲滑勻稱，且常散發乾果與香料的豐盛酒香，風格較Vintage細膩許多，而且一上市就已經是適飲陳酒，完全無經年等候之苦。

跟一般混調不同年分而成的Tawny波特不同，Colheita為單一年分的Tawny，在市面上頗為少見，大多僅用來做為調配十年、二十年、三十年和四十年等Tawny的原料基酒，很少裝瓶上市，特別是一些特別陳年的Colheita，是波特廠的鎮廠之寶，如Graham's僅存兩桶的一八八二年分Ne Oublie。

跟許多人生的故事一樣，約莫過了三、四十年，Vintage跟Colheita卻仿如繞了一大圈，又會來到人生另一頭的交叉點上。例如Graham's原本濃厚結實的1970 Vintage Port，因幾十年緩慢的瓶中熟成，現在卻幻化成輕巧精緻，如絲般滑細的優雅紅酒；而原該精緻多細微變化的1969 Colheita，卻因幾十年來在桶中不斷地蒸發，轉而變成極盡濃縮的硬挺陳酒。

時間，常是葡萄酒最迷人的元素，特別是在這些常能超越人生長度，在漫漫的時間流中緩緩地轉折變動的加烈酒裡。

開瓶小講堂

加烈酒

在發酵中途或完成之後，添加蒸餾的酒精以提高葡萄酒的酒精度至十五到二十%之間。因酒精度較高，酒質較穩定，也較能承受氧化，可以進行更長的氧化式培養，包括波特酒、雪莉酒和馬得拉酒等都屬於葡萄酒中的加烈酒。

CONTA

HILFIG
CONTADOR

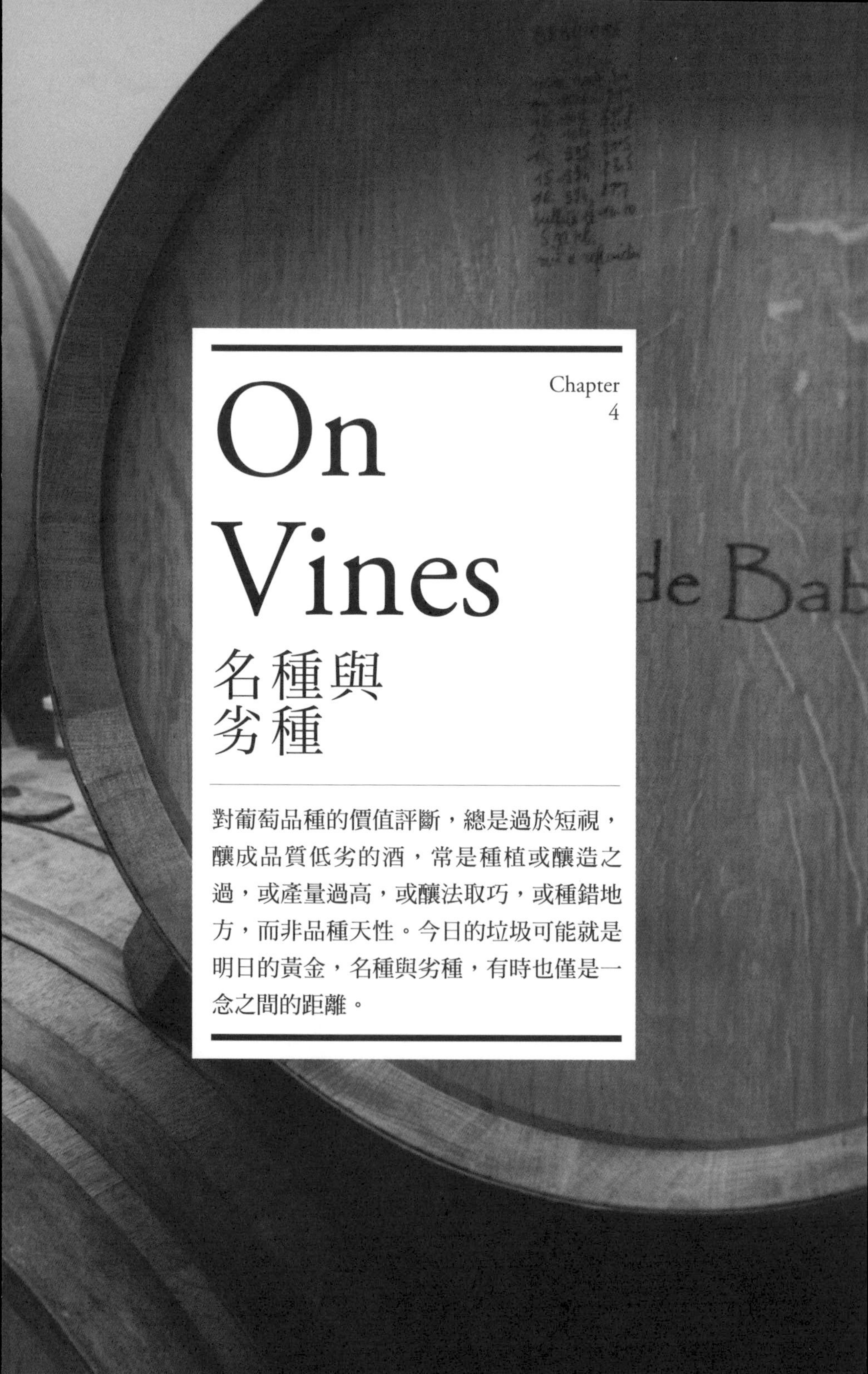

Chapter
4

On Vines

名種與劣種

對葡萄品種的價值評斷，總是過於短視，釀成品質低劣的酒，常是種植或釀造之過，或產量過高，或釀法取巧，或種錯地方，而非品種天性。今日的垃圾可能就是明日的黃金，名種與劣種，有時也僅是一念之間的距離。

大聯盟的滋味

José Manuel Ortega所釀的紅酒，大多結實有力道，均衡而有活力。

José Manuel Ortega是一個從金融業轉職為釀酒師的成功典範。這有數據可以佐證，二〇〇〇年創立，現已在阿根廷、智利和西班牙開設三家酒莊（註），自擁兩百五十公頃葡萄園，成為年產一百五十萬瓶的菁英廠，美國媒體的評價也頗高，幾款與集團同名的頂級酒 O'Fournier 常拿九十四、九十五分。

我在倫敦、西班牙和台北試過他釀的數十款酒，風格相當現代且精準，紅酒為其強項，大多結實有力道，均衡而有活力，而且帶有許多細節變化。以產自西班牙斗羅河的Alfa Spiga、阿根廷門多薩*的Alfa Crux Malbec和智利的Alfa Centauri最得我心，都是非常迷人的成功珍釀。即使是在環境不甚合適的阿根廷，都釀造出相當精彩的細膩黑皮諾紅酒，可見其過人的釀酒功力。

他的商業眼光銳利，其釀製極佳的酒也非常具有市場性，似乎是成功的關鍵。但太過於貼近市場流行與主流酒評家的偏好，卻也不無風險，畢竟流行隨時可能轉舵，而太講究投資效應也會失掉因熱情所帶來的感動。對於南美更在地的獨特品種，如智利的帕依斯（País）或阿根

廷的伯納達（Bonarda），對他來說都不值一試，他說：「那些品種也許有趣，但我要的是可以打NBA的球員！」

如果從酒廠投資的角度來看，José Manuel Ortega的想法確實非常合理，因為這些品種即使釀造得再好，再有個性，也無法達到現在頂級酒該有的制式標準，例如，這兩個品種都比較清淡，酒體不夠飽滿豐厚，葡萄皮中的單寧也比較少，很難有非常緊密的嚴實結構，都是輕鬆一些，柔和一點，親切可愛的紅酒，可喝性高，常被認為不適珍藏卻可大口暢飲。這確實不是現在主流酒評家們願意給高分的類型，釀酒師即使花了再多的心血也可能只是白費功夫，價格與評價都不會太高。

出身金融業的José Manuel Ortega用投資報酬率來看葡萄品種的選擇，不浪費任何一分錢和時間，卻似乎忘了還有更廣闊的藍海，單一價值觀可能是葡萄酒世界中最可怕的事，葡萄園的投資從整地到種植，到釀出穩定的品質，常需耗時十年以上，但流行風潮的轉向卻常是一瞬間。

更應該思考的是，這種可以為我們帶來許多美妙品飲經驗的獨特飲料，何以要分出勝負或被打上分數與等級呢？更何況，帶給我們最多樂趣與最難忘回憶的運動比賽，絕對不只限於NBA等級的賽事，充滿熱血的非職業球賽有時更能震撼人心，例如更具臨場感的街頭籃球或高中聯賽。

我一直相信，少一些商業算計，多一分不計一切的熱情，即便沒有高超的技術與完美的先天條件，反而更加動人，無論是運動比賽或是葡萄酒，都該當如此吧！

註：José Manuel Ortega的三家酒莊現在只剩Ribera del Duero一家，智利廠已停產，阿根廷廠在二〇一八年全數賣給Finca Agostino。

開瓶小講堂

門多薩

阿根廷最重要的葡萄酒產區，位處安地斯山東側，偏內陸的高海拔地帶，近似沙漠的乾燥氣候與高溫差的環境，非常適合生產濃厚風格的紅酒，以口味濃縮的馬爾貝克（Malbec）紅酒為招牌。

完美白葡萄

Cauhapé每十年才釀造一回的Folie de Janvier，雖然有極端濃縮的糖分，卻非常均衡多酸。

自一九九〇年代至今，居宏頌（Jurançon）就一直是我最喜愛的甜白酒，那是一種用延遲採收的葡萄所釀成的迷人甜酒，大多是中等甜度，有非常活潑帶勁的高酸味，多熱帶水果與糖漬果乾酒香，有時還有奇特的白松露香氣，甜卻不膩，可以隨時喝上一、兩杯，甚至可當讓人胃口大開的餐前酒。其耐久潛力亦相當驚人，傳奇酒莊Clos Joliette可上溯到一九二八年的陳年珍釀，便是最佳的例證。

因非在法國主要城市的必經之路上，這麼多年來卻是第一次造訪位在庇里牛斯山腳下的居宏頌，也才真的有機會認清其難得之處。全球最知名的頂級甜酒產區，如波爾多的索甸（Sauterne）、匈牙利的托凱（Tokaji）或德國摩塞爾的TBA，多採用貴腐葡萄，也有如西班牙南方用日曬的PX、義大利風乾葡萄製成的Vinsanto或是以結凍葡萄釀的冰酒，不然，就只能用加烈法了。

但在居宏頌，完全不用勞神費事，只是簡單自然地讓葡萄健康地留在樹上，等甜度夠了，在十月或十一月採收，就能釀成甜蜜又多酸的可口甜酒。最驚人的是，有時還會有晚到十二月才採收的特例，如Clos

DOMAINE
AUHAPÉ
2010
ntessence du Petit Manseng
JURANÇON
Folie de Janvier

Thou酒莊的Supréme，或甚至到隔年一月採收的例子，如名莊Cauhapé約每十年才釀造一回的Folie de Janvier，這些都是完全靠晚收就釀成的極濃縮甜酒。

但這其實違反常理，因為葡萄成熟之後就會自然落果，酸味也會跟著消失不見，居宏頌可以釀成如此均衡的甜酒，除了自然條件，靠的是一種稱為小蒙仙（Petit Manseng）的白葡萄。

雖品嘗過數百種葡萄，但很少見到個性如此極端的品種，早發芽卻相當晚熟；果串大，果粒卻又超小；皮非常厚，果汁卻少；甜度極高，但酸度更高。彷彿是針對氣候潮濕溫暖的法國西南部山區所設計的完美品種，不易染病，也不輕易落果，再晚收也總能維持高酸，即使在極端艱難的年分，如二〇一三年，都能釀成美味可口的甜酒。最奇妙的是，因為太酸，即使很甜，卻連鳥都不想吃，少有鳥害的問題，不像一些產冰酒的產區還要特別為葡萄蓋上細網，以防葡萄被鳥吃光。

在市場越來越重干白而輕甜白的年代，居宏頌不帶甜味的白酒Jurançon Sec反而比甜酒還受歡迎，完美的小蒙仙逐漸讓位給原本較不受重視的大蒙仙（Gros Manseng）*，因其又甜又酸的天性若釀成干白酒，酒精度常會超過十五%，缺乏甜味的均衡，酸味會顯得尖銳，難以入口。這又印證了太完美，往往造就不完美的宿命，也讓我開始擔心這延續五個世紀的美味甜酒會越來越難尋了。

開瓶小講堂

大蒙仙

由小蒙仙所衍生的後代品種，雖有類似的個性，但果粒較大，甜味跟酸味都比較低一點，也常多一些葡萄柚的清新香氣。常跟小蒙仙一起混合釀成較清爽型的甜酒，但更常釀成香氣奔放，口感堅實多酸的干白酒。

帶保護罩的紅酒

將氧氣用奈米陶瓷打入酒中，透過單寧的氧化來降低澀味，其發源地就在馬第宏。經此法處理過的塔那葡萄酒會有較細滑的質地。

原產故鄉的風味是今日葡萄酒世界的最高原則，讓葡萄酒在全球化的歷程中，不只保存了歐洲傳統味道，更在新世界衍生具有地方感的葡萄酒風。歐洲各地的法定產區將傳統品種與製法，用嚴格的法令規範，以避免酒的味道會因市場流行而改變。雖頗有道理，但完全不問市場需求，如果傳統風味剛好不符市場喜好，葡萄農難道要一直生產人們不想喝的酒嗎？

法國西南部專門生產紅酒的馬第宏（Madiran）*便是這樣的產區。因當地最具代表的品種塔那（Tannat）葡萄皮裡的單寧含量特別高，有非常重的澀味，而且葡萄的酸味很高，讓澀味更加凸顯，經常釀成法國最粗獷咬口的紅酒，即使經十數年的熟化，還是相當堅硬酸澀。喜好柔和可口的人，喝這樣的紅酒常有受折磨之感。

法國西南部的傳統菜色頗為油膩，除了肥鴨肝、油封鴨腿外，卡酥來砂鍋燉肉（Cassoulet）更是典型。那是一種非常傳統的燉菜，以白扁豆為基底，連同油封鴨、香腸、培根燻肉等，一起在陶製的砂鍋中連燉帶烤成濃重多油的主菜。如果不是在嚴寒冬天時節吃，單吃一、兩口就

MADIRAN
2011
Odé d'AYDIE

很膩口，但若能配上一、兩杯酸澀的馬第宏紅酒一起享用，油切效果驚人，常能吃掉一大盤。

因為向來不太喜愛粗獷的紅酒，卡酥來砂鍋是我在餐廳點馬第宏的唯一理由。但其價值只能在配地菜上嗎？特別是在台灣，大部分人能吃到的卡酥來砂鍋，多只是在家樂福買的罐頭版本。這是上個月的馬第宏之旅中，最常自問的疑惑。

採用塔那是馬第宏葡萄農無可避逃的課題。既然無可選擇，葡萄農便努力找尋馴化的方法。微氧化處理是全球通行的釀造技術，將氧氣用奈米陶瓷打入酒中，透過單寧的氧化來降低澀味，其發源地便是在馬第宏。經此法處理過的塔那會有較細滑的質地，例如Ch. d'Ayide的Odé d'Ayide，配合低溫泡皮，有鮮美的果香與緊澀的單寧，但卻一點也不粗獷，相當摩登現代。

拉長培養的時間是另一方法，如台灣比較常見的Ch. Peyros的Vieilles Vignes老樹園，是經過三十個月的培養再上市，也可以較自然地修掉一些單寧的犄角。

若要塔那友善易飲一些，挑選葡萄園的位置和土壤是最根本的良方，馬第宏產區是由數個南北向的山丘所組成，有一些位在面西向陽坡頂上的鵝卵石地，吸熱又貧瘠乾燥，讓塔那特別容易成熟，可釀出有圓潤口感的豐滿型紅酒，甜潤的果味像是保護罩一般，裹住單寧，豐盛可口而且有極佳的酸味與單寧硬骨，Alain Brumont的傳奇酒款La Tyre便是最佳的典範，即使沒有配卡酥來砂鍋燉肉也一樣美味。

開瓶小講堂

馬第宏

法國西南部靠近庇里牛斯山腳的紅酒產區，葡萄園位處低緩的丘陵區，主要種植多澀的塔那葡萄，也常混調一點卡本內弗朗（Cabernet Franc）等品種，釀成粗獷耐久的紅酒。區內坡地多石灰質黏土，酒風較嚴肅堅硬，坡頂常有大型鵝卵石堆，酒風較為豐潤。

軟骨葡萄硬滋味

大部分葡萄酒專家還沒來得及認識普利艾多皮庫杜，當地的釀酒師已經將這種奇異葡萄帶到全新的迷幻境界。

上一次到Tierra de León*產區已是二〇〇六年，那時對這個有許多百年老樹、但卻像是全新出土的奇特產區，其實還帶著一些疑惑，因為這裡大部分的葡萄園都種植一種絕無僅有、叫作普利艾多皮庫杜（Prieto Picudo）的詭奇葡萄，其藤蔓天性癱軟，完全貼伏在地上攀爬生長，若釀成紅酒則非常酸澀，粗獷至極，當地酒莊多短暫泡皮製成清淡的粉紅酒供應在地的市場。但此回再訪，這裡的葡萄酒業已是另一片風景了。

León位處西班牙北部，深處內陸，高海拔又多風，是一個日夜溫差大，氣候暴戾極端的地方。這對種植葡萄倒不是壞事，不只少病害，葡萄皮厚色深，甜度高也多酸，但卻讓普利艾多皮庫杜的酸澀感更加強烈。此回拜訪的兩家酒莊，卻都巧妙地用不同的方式馴化了這個如怪獸般的品種，成就了極為獨特的迷人酒風。

Padevalles酒莊走的是理性科學的新派做法，把傳統癱在地上的老樹拔掉改種成較容易管理，成熟度和產量更穩定的籬笆藤架。採收後運用非常低溫的釀法，不同於一般紅酒發酵時的二十八到三十二度，只維持在極低的十五度。以冷泡法，盡可能地不讓皮與籽中的單寧泡入酒中，果

Pardevalles
PRIETO PICUDO

然釀出鮮美迷人，帶有紫羅蘭花草香氣的可口滋味，讓人忍不住想多喝幾口，冷泡效果不只減了澀味，也多了新鮮與青春氣息。

但另一家Margón酒莊卻是更讓人敬佩的古法新釀，極盡努力地保存傳統的老樹園，其中最老的Valdemuz園已經超過一百五十年。雖然極為珍貴，但照顧起來卻相當費工，橫長在地上，只能全靠手工耕作，而且產量極少，每棵樹常只長一、兩串小果粒的葡萄，一公頃的葡萄園只能產約千餘瓶的葡萄酒。

這些因為產量極低，味道極濃縮的葡萄在木槽中以踩皮法輕柔萃取，全無控溫設備，自然釀造，再經長時間的橡木桶培養，成為力道深厚、嚴謹硬實的剛強型紅酒，有永垂不朽之姿，卻無鄉野粗獷氣息。酒莊所產的酒都以Pricum為名，除了老樹的Pricum Valdemuz，風味最迷人，也最精緻優雅的是Pricum El Voluntario，只泡皮不榨汁，完全保留自流酒，竟也能釀出如黑皮諾般，絲滑緊細的優雅質地。

西班牙總是以驚人的劇烈加速度重構式微的古老風味，釀出難以模仿的原創新滋味。Tierra de León稍微晚到了一些，但無論用古法或新法，都已經以極速迎頭趕上，在葡萄酒界大部分專家們還沒來得及認識普利艾多皮庫杜之前，當地的釀酒師們已經將此偏門的奇異葡萄帶到全新的迷幻境界。

開瓶小講堂

Tierra de León

位在西班牙Castilla y León自治區西北部，於二〇〇七年才成立DO法定產區，主要種植當地特有的原生品種普利艾多皮庫杜黑葡萄和一點Arbarín白葡萄。除了傳統的粉紅酒，現主產色深多澀的紅酒和一些多香均衡的白酒。

如慕斯般的清新感

近年來，產自地中海沿岸乾熱環境的傳統紅酒產區裡，不時地新釀出清新爽口且風味獨具的白酒，精彩的程度甚至要搶走當地紅酒的風采。

原本以為葡萄酒的清新感來自酒中的酸味和新鮮果味，但最近一趟隆河旅行，卻讓我發現這樣的想法未免把葡萄酒的味道想得太過簡單。南方的白酒其實自有均衡。

克雷列特（Clairette）是一個矛盾的葡萄，雖然很少單獨釀造，但在法國南部卻頗常和其他品種混調，在釀酒師的眼中，添加比較晚熟的克雷列特可以讓濃厚倦怠的白酒變得更清新均衡。例如教皇新城堡（Châteauneuf du Pape）的第一名莊Château Rayas，其以非常成熟的葡萄釀造成的濃厚白酒，即是以高達五十%的克雷列特來平衡白格那希（Grenache Blanc），一個高酒精度卻少酸味，酒體非常龐大的白葡萄品種。

克雷列特的詭奇之處在於喝起來雖然頗為清爽新鮮，但其實，酸味並不算太高，在南隆河的諸多白葡萄品種中，布布蘭克（Bourboulenc）

Vin
de Mme la Comtesse de Montfaucon.

的酸味才真的是最為強勁，但其較為粗獷堅硬的質地也許能撐起酒體，讓口感更為均衡，卻很難像克雷列特能帶來更細緻的爽朗和清新感，彷彿在脂肪中打入空氣產生輕盈感，而非以強酸所帶來的高瘦和硬實。

如果並不是直接來自於酸味，會是源自那些味覺元素呢？

在我的經驗裡，那似乎是一種由細微的苦味，以及鹹味感所構成的一種清新感受，讓南方的白酒少一些濃重與倦怠感，多一些細節變化。克雷列特常有一些中性低調的香草系香氣，也有利於營造這樣的獨特質地。

克雷列特雖多用於調配，但也有少數的酒款單獨採用，例如Gigondas產區內的Domaine Grand Romaine酒莊的隆河丘（Côte du Rhône）*白酒就是極佳的範例之一，雖是以全新木桶發酵培養而成，而且也不刻意中止乳酸發酵以保留酸味，但喝來就是相當清爽新鮮。在Lirac產區的Château de Montfoucon酒莊，也有一款Côte du Rhône白酒是採用將近一百五十年的克雷列特老樹園葡萄所釀成，特別以「女士酒」（Vin de Madame la Comtesse de Montfoucon）稱之，即使質地豐厚飽滿，喝來卻有如慕斯般的精巧之感。
這正是南方地中海岸區的白酒最難懂，但也最為獨特的奇妙質地。

開瓶小講堂

隆河丘

隆河區內範圍最大也最常見的法定產區，位在隆河下游兩岸的廣大區域，多為乾熱的地中海氣候區，主要生產以格那希和希哈等地區品種調配成的紅酒，也產一些粉紅酒和白酒。

古種遺風

Les Tallades des Cal Nicolau紅酒，是僅有數百瓶的逸品級珍釀，有極為漂亮的酸味，酒香乾淨純美。

這會是即將改變歷史的葡萄品種嗎？還是一路奔向絕種消失的命運？

花時間探尋稀有少見的品種，大部分時候都是白費工夫，瀕臨絕種必然事出有因，常常都是風味不佳，無法釀出符合現代口味的葡萄酒。即使真的是有趣的品種，但太過稀有，談了半天，常常讀者根本也找不到、喝不到。但偶爾，還是會有機會遇見有著極優良個性的稀有種，讓我願意盡一點力量，使其得以保存下來，有朝一日，再尋回往日盛況，新進巧緣認識的黑皮卡波（Picapoll Negre）*便是一例。

這是一個極為稀有的黑葡萄品種，甚至到了幾近消失的地步，在全西班牙僅存數公頃而已，全都位在東北部的加泰隆尼亞自治區內。除了樹種少見，釀成的紅酒更是難得，大多以極微小的比例和其他品種混調，單一釀造的Picapoll紅酒更是未曾聽聞，在去年，卻是非常意外地喝到兩款同是二〇一二年分的Picapoll，都是僅有數百瓶的逸品級珍釀，也是至今全西班牙惟有的兩款。

第一家是北部的Pla de Bages產區的Oller del Mas酒莊所產的Especial紅

MONTSANT
LES TALLADES
DE CAL NICOLAU*
2012

酒，另一家則是Monsant產區的Orto Vins酒莊的單一園Les Tallades des Cal Nicolau紅酒。雖然酒風有些不同，但他們的共同點在於分別釀成了地中海岸極為少見，僅有最優雅的布根地黑皮諾紅酒才能達至，讓人想捧在手中小心呵護的精巧酒風。不僅都有極為漂亮的酸味，酒香乾淨純美，酒體輕盈靈巧，質地絲般滑細。雖然已經被輕忽數十載，但在氣候越來越炎熱，酒迷卻追求均衡少酒精的年代，黑皮卡波難道不正是乾熱的地中海岸最具未來的品種嗎？

Les Tallades des Cal Nicolau是一片種植於一八八〇年的古園，在葡萄根瘤蚜蟲病摧毀歐洲大部分的葡萄園之前就已經存在，但僅餘〇．一七公頃，百餘年的老樹無嫁接，原根生長，自二〇〇九年開始單獨釀造，每年只產約五百瓶。是知名釀酒師 Joan Asens家族祖傳的葡萄園，周邊的園在蚜蟲病害後都早已改種現在較常見的傳統品種，如格那希與佳麗濃等。將來若要復育Picapoll，種植到更多新的葡萄園，這一小片園將會是最珍貴的基因寶庫。

二〇一二年分的Oller del Mas Especial則僅生產三百七十三瓶，採用有機種植，在法國橡木桶、水泥蛋槽與陶甕等多種容器中發酵與培養，最後成就此極為輕盈柔美的美妙滋味。在西班牙，從來不曾遇過如此讓我覺得滿口生津的美味紅酒，更讓我意外的是，竟然能在台灣輕易購得。

開瓶小講堂

黑皮卡波

顏色淺淡，酸味卻相當高，常有很多紅漿果香氣，除了少量混調其他品種，也適合釀造粉紅酒，但也可以釀成非常精緻高雅，質地輕巧卻充滿活力的迷人紅酒。在法國地中海岸稱為Piquepoul Noir，比西班牙多一些，但也僅餘數十公頃。白皮卡波則較為常見，多釀成多酸的清淡白酒。

最鮮嫩的舊滋味

Chilcas酒莊País的二〇一〇年單一園系列，採用的葡萄來自以傳統的矮樹叢栽種，超過五十年的老樹園。

跟大部分難分解的情愛糾葛一般，葡萄酒的新與舊之間，也常彼此交疊纏繞出許多感人的故事，很難輕易就一刀兩斷。跟隨著歐洲傳教士遠渡大西洋，栽種於修會莊園內的歐洲種葡萄帕依斯（País）*，已經在美洲落地生根近五百年了。其原產故鄉，西班牙中部高原上的拉曼恰（La Mancha）雖然有五十萬公頃的葡萄園，但是，在歷經十九世紀末的葡萄根瘤蚜蟲病浩劫後，現在已經不留任何一棵帕依斯了。（註）說新大陸是歐洲舊世界的諾亞方舟也許言過其實，但在蚜蟲病之前曾是波爾多重要的珍貴品種卡門內爾（Carménère），卻還是藉著南美洲的智利才得以保留下來。

現今美洲新世界的葡萄酒多以卡本內蘇維濃、希哈、梅洛（Merlot）和馬爾貝克這些較晚近引入的國際名種聞名。最早登陸的帕依斯便只能躲藏在晚來的明星品種陰影下，雖沒有消失，甚至在智利仍有數千公頃的葡萄園種植這個從十六世紀中就已經引進的歐洲葡萄，但是，卻像被完全遺忘般，只在智利酒業裡扮演最低賤、最不起眼的角色，隱姓埋名地釀成當地人日常佐餐的廉價紅酒。

CHILCAS
CHILCAS
CHILE
Pais
2010
ESTATE BOTTLED IN CHILE
FROM OUR DRY-FARMED VINEYARD IN THE MAULE VALLEY

幾年之前，拜訪智利的Chilcas酒莊時，意外地第一次喝到在標籤上勇敢印著País的二〇一〇年單一園系列，採用的葡萄來自一片仍然像西班牙高原上以傳統的矮樹叢栽種，超過五十年的老樹園。釀成顏色淺淡、口感柔和，帶著青草與土壤芳香的紅酒。相隔不久，就又在台灣喝到Miguel Torres酒廠用帕依斯釀成的粉紅氣泡酒Santa Digna Estelado。這款相當有創意的氣泡酒，喝來清新可口，甚至有些可愛，一改帕依斯紅酒的負面形象，也彌補智利較為空虛的粉紅氣泡酒市場。

Miguel Torres是源自西班牙的酒業集團，由他們在智利發起帕依斯的革命和復興意義更為深遠，在粉紅氣泡酒之後，又再度推出二〇一二年分的紅酒Reserva de Pueblo ，採用甚至超過百年的老樹，部分以二氧化碳泡皮法釀製，激發了帕依斯奔放迷人的鮮美果香，配合柔和滑細的單寧，靈動的酸味與輕巧的酒體，為這個老品種塑造了一個智利酒業未曾有過，最鮮嫩多汁的全新風味。也許太成功，連智利最大廠Conchay Toro也跟著推出在標籤上標示著帕依斯的全新紅酒Frontera Specialties The Original Pais 2013。

像是重新發現一般，智利找回了曾被遺棄、新世界裡舊時代的老品種，釀成透顯著未來感的新時代紅酒，這應該比釀出世界級的卡本內紅酒更值得驕傲。

註：新近在西班牙中部高原上的百年混種古園中，找到了一些遺留的帕依斯老樹。

開瓶小講堂

帕依斯

原產自西班牙，稱為Listán Prieto，因最早由修會引入種植，在美國稱為彌生（Mission），過去曾與加納利群島的黑麗詩丹（Listán Negro）相混淆，但已確定為不同品種。現主要種植於智利，多集中於南部的Maule谷地與Bio Bio產區。

卡門內爾的國度

獨門的品種在歐洲以外的葡萄酒產國，常多帶了幾分浪漫的想像，如阿根廷的多隆特絲（Torrontés）和智利的帕依斯（País）。但有些時候又顯得有些不切實際，例如南非常有輪胎味的皮諾塔吉（Pinotage）。至於智利的卡門內爾（Carménère），不只故事有趣，釀成的酒，也越來越迷人，至於是否稱得上智利的圖騰與榜樣，還需要一點時間才能見分曉。

曾經被誤以為是梅洛的卡門內爾，在一九九〇年代中期，才被法國的品種專家辨識出是完全不同的獨立品種，一九九五年第一次造訪智利時，市場還未出現任何的卡門內爾紅酒，但在那趟旅行中倒是品嘗了非常多風味獨具，特別粗獷硬澀，所謂的「智利梅洛」。相隔十七年再訪智利酒業，南北十多個集團的數十個廠牌中，沒有任何一個不產卡門內爾。

卡門內爾跟梅洛都是源自波爾多的品種，在十九世紀中期傳入智利，當時卡門內爾是波爾多右岸最重要的紅酒品種，比梅洛還要常見。但引進智利後卻被誤認成梅洛，而且常和真的梅洛混種在一起。十九世

卡門內爾是源自波爾多的葡萄品種，在十九世紀中期傳入智利，現在已是智利最豐潤飽滿的紅酒類型。

紀末的歐洲，波爾多遭逢源自新大陸的病蟲害，卡門內爾因為抗病力差，又常落果，在灰黴病及根瘤蚜蟲病肆虐波爾多之後，就被當地的酒莊遺棄，完全從原產地的葡萄園消失。

栽種了一百多年後，突然發現擁有獨家的品種，確實讓智利酒業頗為振奮。但是，一九九〇年代末，最初期釀成的卡門內爾卻常有濃重草梗味與緊澀口感，其實，並不特別迷人。這個對智利釀酒師來說曾經熟悉卻又陌生的品種，一直到晚近，透過延後採收才開始有了新的面貌。拜訪多位釀酒師，都常強調等到五月才採收卡門內爾，那等同於是北半球的十一月，確實相當晚，現在的採收季通常是在九月。

同屬於卡本內家族的卡門內爾也一樣含有許多的吡嗪（pyrazine），一種會產生草味的香氣分子，不成熟的卡本內蘇維濃常會釀成帶青椒味的紅酒，便是拜其所賜，而卡門內爾在不熟時，吡嗪的含量甚至更高。不過，在葡萄的成熟過程中，草味會逐漸降低，慢慢轉變成較為甜熟的香料系香氣，晚採收便成為最好的解答。因為葡萄多是稍微過熟才採，口感頗為圓潤濃厚，單寧甜熟，不再粗獷咬口，但酸味卻會偏低一些，少一些清新感。

於是，智利的釀酒師很快地就發現在較溫暖的區域，尋找一些有較多涼風或夜間低溫的地帶，就能讓非常晚採的卡門內爾還能保有新鮮與均衡，例如Colchagua谷的Apalta*和Los Lingues，Cachapoal谷的Peumo等地，便成為智利現下最佳的卡門內爾產區。

不太確定這是否是智利最佳紅酒風格，但可以肯定的是，卡門內爾現在已經是智利最豐潤飽滿的紅酒類型，即使近年來卡門內爾又重回波爾多，但經典已經永遠屬於智利了。

開瓶小講堂

Apalta

位在智利中部的Colchagua谷地的中心，是智利葡萄園價格最昂貴的地段，有Montes、Casa Lapostolle等多家名莊羅列。Apalta有更加溫暖的氣候，讓晚熟的葡萄如希哈和卡門內爾得以全然成熟，但同時兼具涼爽的朝南山坡，讓葡萄保有均衡與新鮮。

菁英的通俗滋味

從二〇一〇年代初開始，蜜思嘉葡萄（Moscato）在美國突然蔚為風潮，讓酒商們毫無防備地四處找尋這個歷史悠遠、卻被冷落許久的葡萄。現在加州的中央谷地已經新增了數千公頃的蜜思嘉葡萄園，但這種微帶氣泡、花果香氣濃郁奔放的低酒精甜白酒仍頗受歡迎，年銷超過兩億五千萬瓶。對葡萄酒稍有涉獵者，少有人認真看待蜜思嘉，多認為是初階入門者喝的通俗口味。在新竹的一場演講會上，有位讀者頗內行地說：「把妹的時候很好用！」

許多美國的分析家相信，是多位知名嘻哈歌手競相將蜜思嘉寫進歌詞而引發流行。也有人認為同樣有甜味跟氣泡的蜜思嘉，讓較少喝葡萄酒的新世代年輕人與非洲裔美國人發現了竟然有比雪碧還好喝的飲料。甚至還有人認為這是社群網站興起之後，讓葡萄酒既有的品味標準崩壞的新事證。確實，沒有人會在挑選蜜思嘉時想知道專家的意見，但臉書上的好友都覺得超好喝的品牌反而很具參考價值。

身為葡萄酒作家，家中的酒窖裡也常備著一些，特別是產自義大利東北部，酒精度低，帶有氣泡的Moscato d'Asti甜酒，算是為不愛喝葡萄

蜜思嘉並非全都是甜的，也不一定只能是俗麗的大眾口味，更具野心的蜜思嘉葡萄酒出現在西班牙南部，炎熱多陽的馬拉加產區。

酒的家人與朋友們準備的吧！畢竟有如此新鮮且奔放的濃香，甜蜜可口，簡單易飲且人見人愛的葡萄酒實在不多。大部分的時候他們會說：「原來葡萄酒也可以這麼好喝！」這是請他們喝頂級香檳時絕對不會聽到的肺腑之言。

但蜜思嘉並非全都是甜的，也不一定只能是香氣俗麗的大眾口味。例如德法交界的阿爾薩斯，頗寒涼，已近蜜思嘉種植的極北界，偶可釀出不帶甜味，相當精巧多酸的輕盈酒體，是極理想的開胃酒，在冰箱裡隨時備著一瓶，單喝或配些小點心都相當合適。但更具野心的蜜思嘉卻出現在往南一千多公里的西班牙南部，炎熱多陽的馬拉加（Málaga）產區。

位居陽光海岸（Costa del Sol），馬拉加當地產的傳統蜜思嘉葡萄酒，大多頗為甜膩，採收後依古法鋪在山坡上，以天然日曬法提高甜度，榨汁後，經過數年或甚至達數十年的木桶培養，多是帶有氧化濃香的老式加烈甜酒。到了一九九〇年代，才有來自利奧哈（Rioja）的名釀酒師Telmo Rodríguez，以古法手工曬製葡萄，但又以新法釀成香氣乾淨漂亮，酒體深厚硬實，風格現代清新的Molino Real甜白酒。

不斷有新想法的Telmo Rodríguez，在幾年前，又釀成另一非常獨特，取名Mountain Blanco，不帶甜味的蜜思嘉。以種植於滿覆頁岩，海拔近千公尺陡峭山坡上的老樹蜜思嘉所釀成。蜜思嘉熱鬧的花果香轉為沉靜的青草與礦石味，多層次的口感質地不再單調平直，甚至有剛硬的酸味，讓蜜思嘉出現少見的高瘦酒體，第一次見識到極為通俗的蜜思嘉也能如此地深奧與菁英。

開瓶小講堂

蜜思嘉葡萄

在義大利稱為Moscato，西班牙叫Moscatel，法文為Muscat，是一種常有荔枝與玫瑰等花果香氣的品種，可釀酒也可生食。有頗多別種，以稍帶草味的亞歷山大蜜思嘉（Muscat d'Alexandrie）和香氣細緻的小粒種蜜思嘉（Muscat à Petits Grains）兩種白葡萄最為常見。

超涼感希哈

塔斯馬尼亞的希哈Glaetzer-Dixon Mon Père雖然產量極少，但已將澳洲的希哈紅酒帶入一個未曾達至的新境地。

黑皮諾的流行，讓全世界的葡萄酒地圖多出了許多冷涼的名產區，也間接地，讓一些偏好溫暖環境的葡萄品種，有機會被種到原本認為太冷，不適合種植葡萄的地方。有一點類似兩千多年前羅馬帝國的北擴，為了滿足羅馬軍團嗜好葡萄酒的習慣，將偏好地中海乾熱氣候的葡萄，就地種到寒冷的歐洲北部，意外造就了像法國的布根地、北隆河以及德國的摩塞爾這些極其迷人，以優雅精緻風味聞名的冷氣候產區。

加州那帕谷南邊的卡內羅斯（Los Carneros），澳洲東南邊的亞拉谷（Yarra Valley）和智利的聖安東尼奧（San Antonio）便是新世界中較知名的實例，以黑皮諾聞名，卻又附帶地釀出多酸味，酒體比較纖細，冷氣候的希哈*紅酒。希哈雖然適應性特別強，但也有極限，沒有辦法像黑皮諾可以種到像布根地那麼冷的地方，即使是在溫暖一些，同樣以黑皮諾聞名的美國奧勒岡州的Willamette Valley區內，也只能在溫暖的年分勉強達到正常的熟度。

澳洲最南端的塔斯馬尼亞島甚至還比Willamette Valley冷一些，是澳洲黑皮諾的新希望，種希哈則肯定是自討苦吃。但畢竟這是澳洲酒業的根

MON PèRE
SHIRAZ
TASMANIA

基葡萄，再難都有人種，但釀製不熟的希哈，像走鋼索一般，稍不慎反失鮮美，成了酸瘦帶草味的粗糙紅酒。最近嘗到由Nick Glaetzer所釀的塔斯馬尼亞希哈Glaetzer-Dixon Mon Père 便是一款處處驚險、卻優雅地踏滑過鋼索的成功之作，雖然產量極少，但足以將澳洲的希哈紅酒帶入一個未曾達至的新境地。

酒名「Mon Père」為法文的「我的父親」，一來是向擅長釀造希哈紅酒的父親Colin致敬，二來也是對出身南澳希哈紅酒釀酒世家的交代。畢竟Nick前往塔斯馬尼亞島，為的是更適合當地寒涼氣候的黑皮諾和麗絲玲，但無端釀造希哈紅酒，多少因為身上背著Glaetzer的名字。其家族酒莊的旗艦酒Amon-Ra正是產自澳洲最炎熱多陽的巴羅莎谷地，是澳洲最頂尖的希哈名釀，由Nick的哥哥，亦是相當知名的Ben Glaetzer所釀造。

碰巧因為這一分不得不，知其不可而為，卻成就了像「Mon Père」這款顏色淺淡，多汁易飲，卻有著靈活漂亮酸味和精巧絲滑質地的美釀，彷如變身為黑皮諾，成為澳洲僅見的超涼感希哈。其困難處在於島上各處的希哈葡萄，並非每年都能達到最低的熟度，Nick必須探尋多處，才能找到幾處堪用的希哈。但實在太特別了，二〇一〇年，僅只是小量釀造的第一個年分，就得到澳洲酒業最高榮譽、每年只有一款酒得獎的Jimmy Watson大獎，這自然也不會太出乎意料。雖是塔斯馬尼亞有史以來第一面，卻已是Glaetzer家族的第五面。

開瓶小講堂

希哈

在澳洲又稱為希拉子（Shiraz），是一個原產自法國隆河谷地的世界名種，但澳洲卻是全球最大產國。釀成的紅酒顏色深黑，常有黑色漿果與胡椒香氣，口感結實有力，可單獨釀造或混調格那希等品種，也常與白葡萄維歐尼耶（Viognier）混釀成優雅紅酒。

遇見人工美女

Soalheiro酒莊的Oppaco紅酒，添加了十五%的阿爾巴利諾白葡萄，僅此小小創意，就遠遠勝過除單寧加氣泡的葡萄酒化妝術。

除了菁英名莊與個性小廠，偶爾也會拜訪大型的商業酒廠，畢竟，在葡萄酒仰賴進口的台灣島上，產自國際大廠的廠牌酒，才是人們平時最常喝到的葡萄酒。參觀這些酒莊，也許離地方風土與手感人味遠一些，但反而更貼近葡萄酒業的現況，也更接近主流市場偏好的酒風。例如近期拜訪的，位在葡萄牙東北部，年產數百萬瓶，專精北美與俄羅斯外銷市場，同時小量出口台灣的Quinta da Lixa。

因為抵達時已經有點晚了，只和釀酒師在寬敞新穎的品酒室裡品嘗幾款最具代表性的暢銷酒款，並沒有時間去看葡萄園和酒窖，但Quinta da Lixa的成功關鍵在於：酒的風味都是經過精確的市場行銷設計所釀成的，葡萄園其實並非參觀重點，能和釀酒師Carlos Teixeira談談他的釀造概念，才是最關鍵。

由釀酒師特別挑選品嘗的六款酒中只有一瓶紅酒，採用的，是葡萄牙西北部最為常見的維浩（Vinhão）葡萄。聽起來也許有些陌生，但葡萄牙最昂價的葡萄酒，Quinta do Noval酒莊的單一園年分波特Nacional，便是採用高比例的維浩釀成，在波特酒產區有另一在國際上較出名的別

名——蘇邵（Sousão）。此品種顏色非常深，是葡萄牙眾品種之最，而且酸味非常高，但單寧質地粗獷，釀成加烈甜紅酒也許還不錯，但若是正常的紅酒，特別是葡萄還不太熟時，口感頗為酸澀，且帶有草味。這樣的維浩紅酒在葡萄牙也許有些愛好者，但少有海外市場。

釀酒師Carlos Teixeira說他的維浩紅酒是刻意等葡萄過熟再採，釀成後以特殊的技術先除掉原有的粗獷單寧，再額外添加較為細緻的人工萃取單寧，讓酒變得柔和易飲些，甚至於最後再加進一點二氧化碳*，讓口感更活潑爽朗。這確實是一款完美的夏季紅酒，清爽多酸，鮮美可口。但無疑地，這也是為了市場量身訂做，有許多人為操縱，卻沒有太多情感與風土連結的商品。這個原本幾乎沒有外銷市場的紅酒品種，很有可能讓美國人也能接受。

常有學生問我：「這酒明明很好喝，為什麼你不喜歡？」這瓶維浩紅酒也許剛好是個例子。畢竟，再高明的整形手術，都無法重製自然天成的容顏。我總相信，只有面對自然的缺憾與不足，才能真的將醜惡翻轉成迷人的美貌。

會有這樣的想法絕非憑空想像，因為就在當日稍早拜訪Soalheiro酒莊時，就品嘗到一款剛剛新釀成，稱為Oppaco的紅酒，因為是第一個產製的年分，莊主Luís Cerdeira在我試完多款可能是全葡萄牙最精彩的阿爾巴利諾（Alvarinho）白酒後，端出一杯紅酒讓我盲飲，鮮美可口之餘，只微微有些維浩的粗獷質地，讓我一不留神就喝掉大半杯，細問下才知原來添加了十五％較甜潤多果香的阿爾巴利諾白葡萄，僅此小小創意，就遠遠勝過除單寧加氣泡、麻煩的葡萄酒化妝術。

開瓶小講堂

二氧化碳

酵母菌將糖發酵成為酒精的過程會產生二氧化碳，一部分溶在酒中，會在培養過程中逐漸減少，但不會完全消失。適合年輕早喝的清爽白酒，常會刻意保留較多的二氧化碳，以增加清新爽口的口感。

Chapter
5

On Alliances

餐桌上的婚禮

如果葡萄酒的最終本質是佐餐，一瓶酒的好壞與高下都應該在餐桌上見真章，再偉大難得的葡萄酒，若無能在餐桌上扮演角色，都要頓失美味的價值。

中餐的葡萄酒中心論

澱粉類的主食是葡萄酒在中餐桌上的救星，只是，在有葡萄酒的盛宴上常被輕易忽略。

葡萄酒是最適合佐餐的飲料，任何菜色都可以找到適合的葡萄酒，一菜配一酒，只要選擇得當，以葡萄酒佐餐自然不是問題。但是，在經常多種菜餚同桌混食的中式餐桌上，葡萄酒還可以是最佳的佐餐飲料嗎？對於非喝葡萄酒不可的酒迷們，在享用中餐時，如何為葡萄酒找到最中心的位置呢？

同桌共食的吃飯形式，是中餐最迷人，也許，也是最核心的地方，不同菜色之間的協調搭配，是中式美好生活中不可或缺的生活技藝。無論是自家烹調或是上館子點菜，要吃得盡興，就得學會如何把不同的食材、風味與烹調法的菜色，兜攏成一桌完滿齊備的餐食，讓同桌共享的人可以自由地分食均衡且多樣的菜色。每道菜之間已自有均衡，山珍混海味，葷素並陳，濃淡參雜，佐餐飲料常只能是伴隨的角色。

所有的菜一起上桌，常考倒許多專業的侍酒師，成為難解的美味課題。最常見的，是將中式餐桌變成中餐西吃的套餐形式，菜一道一道輪流上桌，葡萄酒也跟著一杯一杯輪番倒。這樣吃喝自然讓餐酒搭配變得容易許多，可以直接承襲西式配酒法，卻也犧牲了一起共享菜餚的中式

聚餐氛圍。內化於日常生活的吃飯方式，實在不值得因葡萄酒改成冗長無趣的西式化套餐，葡萄酒中也有非常多可同時搭配多種風味菜色的種類，也許，這才是最適切合宜的佐餐解答。

化繁為簡是最容易的原則，葡萄酒的風味越淡，變化越少，就越適合搭配越多樣的菜色，不過，這樣的佐餐酒大多只能扮演陪伴的角色，少有獨特風格，雖然可歡快暢飲，但難免少了一些品飲的樂趣。如果要挑選有個性一些的酒放到五味雜陳的中式餐桌，氣泡酒是首選，特別是經過瓶中二次發酵，以及培養熟成時間較久的香檳或陳年的氣泡酒。

白酒中也有產自寒涼氣候的不甜白酒，如夏布利（Chablis）*，或者，微帶一點甜潤的厚實型白酒，如灰皮諾（Pinot Gris）；紅酒類的，有口味清淡柔和的淡紅酒，如薄酒來（Beaujolais）或黑皮諾。這幾類的酒也許不全是市場主流，但在中式餐桌上卻是非常多才多藝。中餐廳的葡萄酒單上最該選的，便是這些適合在大圓桌上共飲共食的佐餐酒。

對於重度葡萄酒迷來說，整餐只喝一、兩種酒似乎還是不夠，而且，在中餐桌上，市場上最主流常見、年輕多澀的紅酒，常常是最不友善的佐餐酒。若能將一桌十多道菜分成三、四組，每一組菜色以不同的味道為主題，如適合白酒與氣泡酒的清淡海味組，如配濃厚紅酒的紅燒燉肉組，或如可配甜白酒的鹹甜菜色組。非喝濃厚紅酒不可的人倒是可以試試。

其實，澱粉類的主食是葡萄酒在中餐桌上的救星，只是，在有葡萄酒的盛宴上卻反常被輕易忽略。一碗飯配各式菜色是再日常不過的吃法，但無論什麼菜色，配著飯吃時卻可以讓大部分的葡萄酒，無論紅、白都變成最友善好配的最佳佐餐酒。如果有中式餐桌的葡萄酒中心論，最關鍵也可能是最簡單的，也許就在那一碗白飯上了。

開瓶小講堂

夏布利

布根地最北方，位在夏布利鎮附近的葡萄酒產區，只生產以夏多內葡萄釀成的白酒。因為氣候寒冷，酒風較為酸瘦，區內的葡萄園多位於Kimmerigien石灰岩層之上，讓釀成的白酒帶有極為獨特的海味礦石氣息。

古酒與中式餐桌

中式菜色的安排自有邏輯和節奏，太過拘泥於法式的餐酒搭配原則，反而變得不倫不類。

已經有一陣子了，來台舉辦美酒餐會的酒莊，大多指定要搭配中式或台式的餐宴。希望跟在地美食築起味覺連結的心思也許很感人，但菜色的安排常讓葡萄酒商頗勞神費力，特別是預先試菜試酒的過程，總要將原本完滿協調的菜單東挪西換成搭得上葡萄酒的詭奇菜色，甚至強迫廚房更動食材配料，過度遷就葡萄酒的後果，最終常以吃力不討好收場。

中式菜色的安排自有邏輯和節奏，太過拘泥於法式的餐酒搭配原則，如先上白酒後上紅酒，先清淡後濃重，先蔬菜海鮮後白肉紅肉，反而變得不倫不類，成了破壞美味經驗的敗筆。

為了在亞都天香樓舉辦的Jean Bourdy酒莊餐會，特別提前一週試酒試菜，雖然莊主對酒的配菜能力自信滿滿，但還是有些讓人不放心，因為其產製的每一款酒都相當奇特，沒有太多的經驗佐證，只好實際搭試。這家自十五世紀即創立的小酒莊，位在法國東北部的侏儸區，即使當地已經是全法國保留最多舊時釀酒傳統的地方，但Jean Bourdy酒莊在侏儸區裡還是顯得非常食古不化。

天香樓

現任的莊主Jean-François和Jean-Philippe兩兄弟是家族第十五代傳人，他們繼續堅持用爺爺留下來的設備與釀法，生產跟百年前一模一樣風味的葡萄酒，除了侏儸特產的古式奇酒，黃葡萄酒（Vin Jaune）外，他們遵循古法釀成的紅酒與白酒，即便是最新上市的年分，都充滿迷人的古樸風味。如以夏多內釀成，經四年木桶培養的白酒，裝瓶後再經多年陳年才會上市，雖是常見品種，但其氤氳多變的酒香中卻無一絲夏多內常見的香氣。

搭配的菜色為龍井蝦仁、西湖醋魚、神仙鴨湯和東坡肉等經典杭州名菜，夾雜著一些較不易佐配葡萄酒的菜色，如花雕醉雞、左宗棠雞與蟹黃。但如此多端滋味與繽紛菜色，對於這些來自遙遠時空的葡萄酒，卻有著難以置信的相合之感，無論是紅酒、白酒、氣泡酒和黃葡萄酒，輕易地就配上整桌的菜色。二十多年來，數以百計的餐酒經驗中，除了純香檳的酒宴以外，從未能達此境地。

最驚嘆的，是採用普薩（Poulsard）、圖梭（Trousseau）和黑皮諾三個地方品種釀成的侏儸丘（Côte de Jura）*紅酒，依百年前古法，不同品種共同混釀，再經三到四年木槽培養才裝瓶上市。雖為紅酒，但其帶著力道的纖細酒體，和每道菜都安適而不違逆，甚至還同時與開場的淡雅河蝦仁，以及近尾聲時滋味酸甜厚重、帶著土味的醋魚，共同譜成紅酒與河鮮的完美共鳴。

原本還考慮著是否該為五款佐餐酒安排次序，但試過之後決定還是讓它們一起上桌，因為每一款都能從頭到尾獨當一面，何不更輕鬆恣意地隨意搭配，這樣一來，就無需彆扭地採用中式套餐，讓桌菜一起上桌，還原中餐同桌共享的熱鬧氣氛。

如果滋味也可以是文本，這一餐恍如跨文化與時空，完全無需翻譯的精彩對話錄。

開瓶小講堂

侏儸丘

侏儸區內雖僅有兩千公頃的葡萄園，卻有五個生產葡萄酒的法定產區，其中產區範圍最廣的為Côtes de Jura，葡萄園分布在侏儸各區，釀製成的葡萄酒種也最多樣，除了紅、白、粉紅酒外，也生產黃葡萄酒和麥桿酒（Vin de Paille）。

吃蒸魚配紅酒

酒體輕巧、滋味豐富的黑皮諾，在搭配多甘味的菜色時，除非醬汁中有太多甜味，黑皮諾常比大部分的紅酒更占優勢。

暢行百年的餐酒搭配原則「紅酒配紅肉，白酒配白肉」已經根深柢固地深植在全球各地的大眾心中，幾近於信仰般不容轉變。即使數十年來有許多人試圖舉出許多例證，以轉換此過於簡化、缺乏變通的鐵律，但影響似乎僅止於侍酒師的小圈圈，看來似乎還需要一、兩個世代才能有所改變。除了用紅酒配白肉，其實，十多年來我也常用紅酒搭配海鮮，效果有時還勝過白酒。

IWSC是一個總部設於英國，全球最嚴謹的葡萄酒競賽，每年也以亞洲在地的評審在香港舉行HKIWSC葡萄酒競賽，其中還特別設了一個以搭配亞洲料理為評分標準的比賽，從早年的四種料理發展成十四道，這回是第三度擔任評審，收穫仍多。這項比賽的原則完全從配菜效果來評分，即使單喝表現不佳的酒款，只要能成功佐配菜餚，也可以獲得金牌。

這回頗幸運地被分到清蒸石斑這組擔任評審，前回被分到北京烤鴨組，一日間試吃了百回的烤鴨與葡萄酒，回台後有一年多的時間完全不想再吃烤鴨。再前一回，則是頗豪氣地連吃一日的紅燒鮑魚。這回試石

2005
YERING
Station
PINOT NOIR
Reserve
2005

斑魚就顯得輕鬆許多，同組參加比賽的酒款，雖然有眾多包括夏多內、白蘇維濃、麗絲玲等白酒，也有Prosseco氣泡酒，但是最後我們選出獲得清蒸石斑大賞的，卻是一款來自澳洲Macedon區的黑皮諾*紅酒。

這樣的結果並不意外，因為均衡細緻，柔和少單寧，有爽口酸味，一直是以紅酒配魚的選擇要點，這正是許多黑皮諾紅酒的特性，其他如以加美葡萄釀成的薄酒來，或是口味較柔和的冷氣候希哈紅酒，甚至是多酸少澀的義大利紅酒，都是魚料理的潛在選項，尤其是油煎、酥炸或燒烤作法的魚，都算是安全的配法。

清蒸作法的魚則稍困難一些，烹調法雖然看似清簡自然，但在蒸魚的湯汁中卻常暗藏許多不易搭配的甘味，不僅濃厚多澀的紅酒要極力避免，太過於單薄少質地的白酒，如許多空有奔放百香果香的白蘇維濃，在口感上其實也很難承擔，特別是其高調的果香對蒸魚反而會帶來雜味的干擾，不一定就能勝過質地細膩、酒體輕巧卻又滋味豐富的黑皮諾，特別是在面對多甘味的菜色時，除非醬汁中有太多甜味，黑皮諾常常比大部分的紅酒更占優勢，即使白酒，也不一定是其對手。

黑皮諾紅酒當然不是佐配蒸魚的唯一選擇，但在台灣島上，有太多非紅酒不喝的葡萄酒迷，如果除掉所有的白酒、粉紅酒和氣泡酒，黑皮諾反而常常成為配魚的最好解答。

開瓶小講堂

黑皮諾

原產自法國布根地產區的歷史古種，對於環境較為挑剔，只適合種植於較冷涼的氣候區，釀成的紅酒顏色較為淺淡，香氣多櫻桃果香與香料香氣，酒體中等，均衡多酸，單寧的質地較為細緻柔和，常被認為是酒風最為細緻的黑葡萄品種。

葡萄酒的團圓飯

幾十年來，家裡的年夜飯菜色似乎沒有太多更改，象徵圍爐的冬筍火鍋、院子種的長年菜羹、年節宴客必有的烏魚子、味道酸甜的五柳枝海鮮雜燴，過年按例要奢侈一下的車輪牌鮑魚、鹹水鵝、醃滷切盤的香菇、豆乾和花枝，前一天用大蒸籠蒸熟的蘿蔔糕，和阿爸必定親自下廚的炒米粉。在更早之前，還會有年後要連吃一、兩星期的雌火雞。

這樣的年夜菜色，在台灣中部的家庭間如果不是傳統典型，至少也算大同小異，而這樣回應團圓的龐雜菜色，該要佐配什麼樣的葡萄酒呢？

從二十年前起，葡萄酒開始出現在彰化老家每年的年夜餐桌上，一開始的一、兩年，喝的大多是波爾多的紅酒，因為是一年之中最重要的一餐，總特別挑選列級名莊的上好年分。當這些帶著澀味的頂尖紅酒，遇上常帶甜味，而且多海味的年夜菜色，最愛喝波特酒的媽媽每喝一口這樣的高檔紅酒，卻總要皺一次眉。

後來慢慢地，氣泡酒、帶甜味的德國麗絲玲白酒、法國阿爾薩斯的灰皮諾或格烏茲塔明娜（Gewürztraminer）*白酒、清淡一些的黑皮諾紅

氣泡酒、帶甜味的德國麗絲玲白酒，以及清爽可愛的粉紅酒等，逐漸取代濃厚多澀型的紅酒，成為年夜飯的常客。

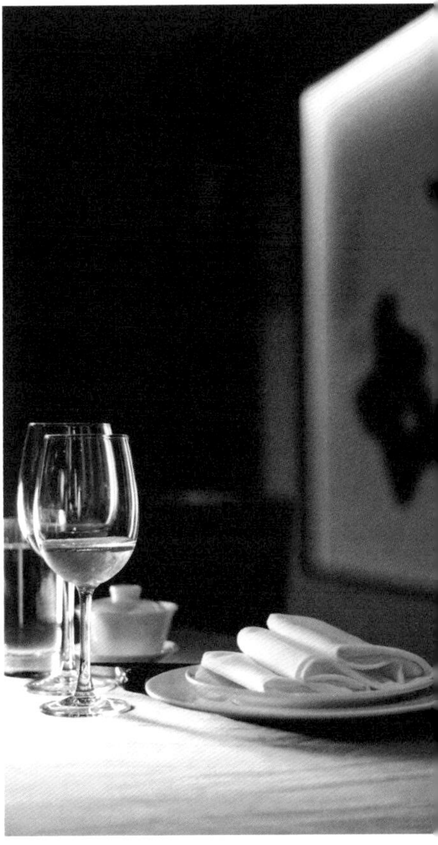

酒，以及清爽可愛的粉紅酒，就逐漸取代濃厚多澀型的紅酒，成為年夜飯的常客。

最特別的是，過去準備了一整天的年夜飯，雖然吃得很撐，但常常不到三十分鐘就結束，留下滿桌的剩菜。但自從有了這些葡萄酒之後，因酒食相伴，每年圍爐的時間都會出乎意料地變得更長，雖吃食更多，卻較不撐脹。

其實，這些看似平凡的酒種卻都暗藏玄機，例如氣泡酒或是最適合節慶時喝的香檳，雖然因為酸味高且帶氣泡，口味非常清爽，但酒中的氣泡也讓酒更有力量和架構。加上不甜的氣泡酒常含有一些殘糖，這樣的特性讓香檳無論是肥腴濃重，或甚至帶甜味的菜色都可輕易應付，同時卻又奇蹟般地和極輕巧淡味的清蒸海鮮巧妙相合。

灰皮諾跟格烏茲塔明娜雖都是白酒，但都是紅皮的葡萄釀成，跟一般清爽型的白酒不同，酸味不多，在釀造時常留十多公克的糖分沒有完全發酵，口感相當厚實，不僅也是可魚可肉的佐餐酒，也配帶甜帶辣的菜色，百味紛陳的年夜飯自然也很適合。粉紅酒因為較無個性，只當陪襯角色，也適合佐餐。

團圓的不只是菜，還有不同世代，不同成長背景的口味喜好。剛成年的姪兒只愛如成年版7.up的Moscato d'Asti，老爸卻是非紅不喝，紅酒即使較難配菜但也必須準備。紅酒的首選自然是跟食物特別友善的黑皮諾或薄酒來，清淡一些的總比濃郁的紅酒更適合。如果非喝卡本內蘇維濃不可，那就盡量挑選多酸清淡一些的年分，或者，直接選擇已經陳年的老酒，順便可以為酒窖除舊布新。

開瓶小講堂

格烏茲塔明娜

原產於義大利，又稱為Traminer。葡萄顏色呈粉紅或淡棕色，釀成的白酒顏色金黃或微帶桃紅，香味獨特濃郁，常有玫瑰，荔枝和香料香氣。酒精含量高，酸度較低，口感圓潤帶甘甜。法國阿爾薩斯、瑞士、澳地利及義大利北部是主要產區。

酒中鹹味

在品酒會上常聽到有人說：這瓶酒喝起來鹹鹹的。這是錯覺還是真有其味呢？如果是，那用帶鹹味的葡萄酒佐餐是否就不用再加鹽了？談葡萄酒品嘗的書中，多只探討由味蕾感知的酸、甜與苦三味，以及由口中觸覺感知的澀味，至於在食物中相當重要與常見的鹹味卻很少被提及。雖然較少見諸於酒評與風味描述，但葡萄酒中確實有鹹味，至少從科學分析上可以得知氯化鈉，亦即鹽，出現在大部分的葡萄酒中，從每公升數毫克到數百毫克都有，只是濃度大多相當低，通常不太能察覺得出來。

這裡說的鹹味和較常見的海味有些不同，後者其實比較像是香氣的投射，例如在大西洋岸邊培養熟成，有些海風氣息的Manzanilla雪莉酒；或是酒香中帶有海味礦石氣的夏布利白酒；或如產自地中海岸邊，偶有海水碘味的Bandol紅酒；更典型的，是羅亞爾河出海口的Muscadet白酒，總被形容微微帶有大西洋的海水鹹味；這些，大多是因為海味系的酒香而帶來鹹味的聯想。

但澳洲產的葡萄酒，特別是產自南澳的希哈紅酒卻常含有較高的鹽

產自南澳的希哈紅酒常含有較高的鹽分，比起別處的葡萄酒和其他的品種，更常出現明顯的鹹味。

SALTRAM
ESTO BAROSSA
SALTRAM
The Journal
CENTENARIAN
100
YEAR-OLD VINES
OLD VINE SHIRAZ
TJ1140
Barossa

分，比起別處的葡萄酒和其他的品種，更常出現明顯的鹹味。有此現象，是源自當地自然環境與歷史發展而來，也算是一種另類的澳洲地方風土吧！

墨瑞河（Murray River）*是澳洲第一大河，沿岸引河水灌溉的平原是澳洲的葡萄酒倉。但因為土壤鹽化以及有含高濃度鹽分的地下水流入，到了下游時，墨瑞河成為一條含有特別高鹽分的淡水河，引此河水灌溉的葡萄園，土壤中便含有較高的鹽分，在氣候乾熱的南澳產區，除了一些產量相當低的老樹園，大部分的葡萄園都需要仰賴人工灌溉，即使不用墨瑞河水，許多地下水也一樣有鹽化的問題，讓高鹽分成了南澳葡萄園的特色。

不過，並非所有葡萄都會吸收土壤中的鹽分，至少，有程度上的差別。但南澳種植最廣的希哈其根系有攝取較多鹽分的特性，較諸同園的夏多內或卡本內蘇維濃都常有更明顯的鹹味。而南澳極其嚴格的農產品檢疫政策，讓其百年來仍然是全世界極少見，尚未遭遇葡萄根瘤蚜蟲病侵擾的產區，希哈葡萄仍然可以原根種植，讓鹹味不會因嫁接於美洲葡萄砧木而減少。

雖然帶著一點辛酸的背景，但匯集包括環境災難在內的諸多因素，鹹味才得以成為南澳希哈紅酒中所特有，但是在別處卻又極少見的在地風味。

開瓶小講堂

墨瑞河

發源於新南威爾斯州，沿著與維多利亞州的邊界，在南澳入海。此綿延近三千公里的大河及其支流沿岸，有包括Riverina、Murray Darling、Riverland和Langhorne Creek等面積廣闊的葡萄酒產區，是澳洲酒業的重要命脈。

酒中甘味

甘味和酸、甜、苦、鹹雖然同為最基本的五味，但是，在葡萄酒的品嘗中，卻仍常被忽略。其實，在餐酒的搭配上，不同於甜味的鮮美甘味，常扮演著極為關鍵的角色，只是，我們很少將之視為問題的核心。

二十多年前，在葡萄酒大學的課堂上，曾有經驗老到的侍酒師告誡：以葡萄酒搭配蘆筍時要特別小心，常會產生金屬味。當時，老先生全憑經驗並不瞭解緣故，但現在，我們知道蘆筍是谷氨酸（Glutamic Acid）*含量最高的蔬菜之一。一道菜如果含有越多甘味，越會干擾葡萄酒的味道，破壞果味與酸味的均衡，同時產生惱人的苦味與金屬味。不只是蘆筍，包括許多海鮮與魚、海帶與香菇以及乾酪等，也都帶有許多甘味，而日常烹調中常用來調味的醬油、柴魚粉跟味精更會大幅提升菜餚的甘味。

葡萄酒書上常提到以紅酒配魚會產生鐵鏽味。其實，重點並不在魚，而是魚肉中的甘味。你也可能聽過，義大利常見的番茄肉醬麵不適合配頂級的義大利紅酒，反較適合簡單柔和的日常紅酒。關鍵的原因也在於：番茄跟蘆筍一樣是高甘味蔬菜，而常加在麵上的帕馬森乾酪粉更

經漫長瓶中二次發酵培養的香檳、Fino雪莉酒，或經橡木桶發酵培養與攪桶的濃厚型白酒，都屬多甘味的葡萄酒。

CUVÉE
旨
UMAMI
GRAND CRU

是甘味最多的乳酪。

如果挑選搭配的葡萄酒不考量甘味的影響，很容易就會像瞎子摸象一般，全憑運氣。畢竟無論西式、日式、中式或台式，帕馬森乾酪、醬油、柴魚粉跟味精都是餐桌上的常客。尋找適合搭配高甘味食物的葡萄酒，便是解答日常佐餐最重要的金鑰。

跟甜味一樣，本身有更多甘味的葡萄酒，更能搭配多甘味的食物，不過，在正式的葡萄酒品嘗中，甘味還不常被當成葡萄酒中的味覺元素。但是，經漫長瓶中二次發酵培養的香檳、Fino雪莉酒，或是經橡木桶發酵培養與攪桶的濃厚型白酒，都屬多甘味的葡萄酒。他們的共同特點，都是在培養的過程中長期地跟酵母浸泡在一起，靠著酵母的水解過程產生甘油與其他物質，讓這些特別擅長配菜的酒種產生特別的甘甜感與質地。

但很不幸地，我們最愛喝的紅酒卻較難與這些食物相合。不過，除了只喝較清淡的紅酒外，也並非全然無解。雖然我們還不知道確切的原因，但經過陳年之後，紅酒會變得更容易親近這些高甘味的食物。若老酒難尋，在多甘味的食物上添加酸味，例如擠一點檸檬汁，也可以讓紅酒喝起來更甘甜美味一些，配菜的指數頓時可以提升。同樣地，酸味較高的紅酒也較容易搭配高鮮味的菜色，在餐餐都有番茄與帕馬森乾酪的義大利，大部分的傳統紅酒都常有高於法國與西班牙的酸味，我想應該不只是巧合。

開瓶小講堂

谷氨酸

日本池田菊苗博士於一九〇七年，從一鍋用海帶提取湯汁的豆腐鍋內，所精煉出的白色結晶物體，為蛋白質分解成的氨基酸，具有鮮味或甘味，可增進食物的味道，之後並發明味精——谷氨酸納。

貴腐與生蠔

二十世紀初的法國上流社會，晚餐常以索甸貴腐甜酒搭配貝隆生蠔開場。

普魯斯特（Marcel Proust）的文學巨著《追憶似水年華》（*À la recherche du temps perdu*）用細膩繁瑣的描述，記錄了十九世紀末、二十世紀初的法國上流社會生活。在那個年代，晚餐常以索甸（Sauterne）*貴腐甜酒搭配貝隆生蠔開場。

但百年後的今日，葡萄酒書裡寫的，專業學校教的，幾乎都建議挑選不帶甜味，酒體輕巧，有爽口酸味的白酒和香檳。你可以試著問問認識的葡萄酒行家或是專業的侍酒師：「索甸可以配生蠔嗎？」答案除了全然否定，應該也會有人覺得：這樣配是焚琴煮鶴般的野蠻行為。

曾經，我也懷疑這是當年法國上流圈子的壞品味，習慣把昂貴的東西加在一起以增添貴氣。但其實，只要稍稍忘記成見，親自嘗試幾回，你會發現，即使是政治人物的自傳，都比許多想法刻板的餐酒搭配書籍更值得信賴。當然，索甸並非只能配生蠔，但那確實是相當值得嘗試的體驗，一種由海水碘味與杏桃果乾，溜滑爽脆與甜潤脂腴所激盪成的，極為生動的味覺經驗。

在採收季後拜訪Château La Rame酒莊，這是Sainte Croix du Mont村

INTE-CROIX-DU-MONT
Sainte-Croix-du-Mont Contrôlée
Propriétaire à Sainte-Croix-du-Mont
SE EN BOUTEILLES AU CHATEAU
CONTAINS SULFITES - PRODUIT DE FRANCE

內的第一名莊，雖是法國萬聖節假日，莊主Yves Armand仍相約一起垂直品嘗酒莊最招牌，僅在最佳年分才釀製的Réserve du Château。自一九六六年以來，他已經釀造了近半世紀的貴腐甜酒，莊務雖已逐漸交接給下一代，但到訪時他仍親自照護著發酵中的葡萄汁。發酵是不等人的，在傍晚之前，有一個酒槽要馬上中止酒精發酵，以保留足夠的殘糖。在採訪的空檔間，老先生時時要查驗酒槽中發酵的進程，即使是離開酒窖帶我去看酒莊的葡萄園，也不能走太遠。

Sainte Croix du Mont村與索甸產區僅隔著加隆河（Garonne），也一樣是釀造貴腐甜酒的名產區，因為位處於石灰岩台地上，釀成的甜酒常有較高的酸味，甜度也略低一些，常比索甸甜酒更加均衡清爽，也更常用來當開胃酒。

在喝到極為甜潤卻又精巧優雅的二〇〇七年分時，老莊主像是吐露心中祕密般，帶一點感慨，也有幾分得意地說：「我就是最愛在星期日中午，用這樣的貴腐甜酒，自己一個人配一打生蠔。不管別人怎麼想，我覺得美妙極了！」

也許，連他的家人也不能跟他一起分享這般獨特，卻幾乎完全被遺忘的傳統滋味。其實，我也很希望能來一盤更多碘味與礦石、咬感更爽脆的貝隆生蠔。在這假日的午後，貴腐與生蠔成了我們心中共同的美味祕密。

開瓶小講堂

索甸

波爾多最知名的貴腐甜酒產區。位處加隆河左岸，多霧的礫石矮丘，生產釀造波爾多最濃甜多香，也最珍貴的貴腐甜酒。在一八五五年的分級中，所有波爾多區生產白酒的列級酒莊全部位在索甸區，其中名列最高等級的，是有三百年歷史的伊更堡（Château d'Yquem），為全法國最知名的酒莊。

餐桌上的好年分

二〇〇八年是近年來最晚採收的年分，這讓〇八的紅酒保有相當高的酸味，酒體較為輕盈高挑。

近日為Ch. Rauzan-Ségla*主持了兩場品酒餐會，品嘗酒莊六個年分的紅酒，因為同樣的酒與菜色連著吃喝兩回，便有閒空在有些冗長的餐宴中，仔細認真地比較各年分和每道菜的佐配效果。已經有很長一段時間，在選擇搭配海鮮料理時，總刻意避開波爾多，特別是以卡本內蘇維濃為主釀成的梅多克（Médoc）紅酒。

相較於其他黑葡萄品種，如布根地的黑皮諾或薄酒來的加美，在配魚料理或生蠔等海味菜色時都頗輕而易舉，選擇澀味較重的卡本內蘇維濃確實有比較高的風險，必須精心設計菜色或挑選年分才能安全過關。我甚至發現，連希哈紅酒，特別是產自冷涼氣候產區時，在餐桌上很多時候都比卡本內蘇維濃要來得安全一些。

這日年輕女主廚所設計的菜單中安排了多道的海鮮，如酥炸生蠔、生煎干貝，連主菜也有煎魚的選項，似乎不太把卡本內蘇維濃放在眼裡。舉凡偉大的世紀年分如二〇〇五年和二〇〇九年，以及風味較為粗獷多澀的二〇〇六年，雖然單喝時既豐厚也相當結實有力，都是頗為精彩的佳釀。不過，若是和這幾道海味菜餚一起享用，卻又都明顯地有違

MARGAUX
2008

合之感，或掩蓋遮蔽，或徒生苦澀，讓這些珍貴的紅酒在這樣的餐桌上顯得有些多餘，只能等待稍後才會上桌的鴨胸和牛排。

如此結果當然在意料中，但重點卻是落在二〇〇四、二〇〇八和一九九六。陳年的紅酒更容易配菜，已早有定論，經過二十年的時光，一九九六現已進入適飲的階段，單寧開始熟化，質地柔和細膩，菌菇與森林濕土配上雪松和一點煙燻，喝來頗為迷人，配上今晚的道道菜色都顯得平易順暢，和裹著黑色竹炭麵衣的日本生蠔，好像在香氣上彼此對比呼應般，竟然頗為協調相合。

但最有趣的是：當日二〇〇四和二〇〇八這兩個較不受注意，酒價也最低的年分，卻反而有最佳的佐配效果，雖非絕對完美，但對生蠔與干貝卻都有些提味的功效，配起來也頗輕鬆快意，完全不似〇五與〇六那般窒礙難行。

若試分析這兩個年分的特性，它們都相當寒冷，也較多雨，葡萄都是掙扎地勉強達到成熟的邊緣，二〇〇四年因為產量極大，讓葡萄樹無法供給足夠的養分給所有葡萄。而二〇〇八年在整個夏季都異常的冷涼潮濕，即使秋季天氣轉晴，但仍相當寒冷，是近年來最晚採收的年分。這讓〇四與〇八的紅酒都保有相當高的酸味，酒體較為輕盈高挑，香氣中除了較新鮮爽脆的果香，也都帶有一些草本的氣味。

但這些看似壞年分的特性，卻加強了二〇〇四和二〇〇八的佐餐指數。經常地，在試酒時，若遇到一些年輕時喝來酸瘦一些，還不是太可口的紅酒，莊主總會說：「這比較適合佐餐啊！」雖然當時聽起來彷彿是在為品質不佳的酒尋找托詞，但現在卻發現其實並非虛言。如果你跟我一樣也將葡萄酒視為佐餐的飲料，這些葡萄不太熟的壞年分，其實才是餐桌上真正最配菜的好年分，特別是在像這樣連喝六瓶、卻全都是瑪歌（Margaux）紅酒的晚餐裡。

開瓶小講堂

Ch. Rauzan-Ségla

波爾多瑪歌（Margaux）村裡的二級酒莊，為創立於兩百多年前的歷史酒莊，現擁有七十五公頃的葡萄園，種植六十%的卡本內蘇維濃和四十%的梅洛。自一九九四年起成為精品集團香奈兒（Chanel）的產業至今，酒風相當優雅細緻。

消暑的紅酒

皮薄色淡的黑皮諾因單寧不多，且質地滑細，酸味清爽迷人，是極佳的夏日紅酒。

盛夏時節，即使冷氣可以開得再強，還是該多準備些清涼一點的白葡萄酒跟氣泡酒，或者是幾乎是為夏季而生的粉紅酒，而高酒精度的濃厚紅酒，從初夏就該換季收藏起來。但在我們這個特別愛喝紅酒的亞熱帶島上，任何時節，紅酒都是主角，適合冰鎮，消暑止渴的紅酒也許才正是夏日飲酒的最佳解答。不過，在台灣，因消暑與止渴而喝紅酒的人，其實少之又少，一派清涼、鮮美多汁的紅葡萄酒，即使是再難耐的酷暑日子，也難成主流靚貨。

對葡萄酒稍有涉獵的人，都知室溫不超過攝氏二十度時，紅酒不需冰鎮就可開瓶品嘗。適飲的酒溫比白酒高，除了可讓酒香更易散發，最關鍵的原因是紅酒中常含有許多的單寧*，一種會在口中產生收斂與澀味感覺的物質，酒溫若太低，紅酒的收斂性會被放大加強，讓酒喝起來顯得硬澀難飲。特別是一些昂價的頂級紅酒，如波爾多的列級酒莊所生產的菁英紅酒，為了要能耐久，刻意釀成堅實的酒體架構，常選用皮厚多澀的葡萄，加強萃取釀造；即使風格高雅，但單寧多，仍屬最不適冰涼著喝的紅酒。

HUDELOT-NOELLAT
Bourgogne
APPELLATION BOURGOGNE CONTRÔLÉE
PINOT NOIR
Mise en bouteille à la Propriété par
Alain HUDELOT-NOELLAT

但只需稍稍遠離頂級紅酒的世界，就常能找到一些不以堅固耐久為目的的美味紅酒，有著奔放的果味，沒有太多單寧，喝來如不帶甜味的葡萄汁液，即使酒溫降到攝氏十二到十三度，也不會有澀得難以入口的擔憂。倘若酒精度能低一些，酒體能清淡一些，酸味多一點，那就會是完美的夏季紅酒，可以輕易地搭配夏季餐桌最常出現的冷盤、沙拉與輕食。

許多知名的平價國民酒，如義大利的巴多里諾（Badolino）、瓦波里切拉（Valpolicella）、西班牙的Rioja Joven、法國羅亞爾河的卡本內弗朗（Cabernet Franc），和薄酒來的加美（Gamay）等等，全都是唾手可得，可以冰著喝，可以大口暢飲的消暑紅酒。

皮薄色淡的黑皮諾因單寧不多，且質地滑細，酸味清爽迷人，更是極佳的夏日紅酒。產自法國布根地的黑皮諾，一直是我夏天最常喝的紅酒。不過，絕非等級最高，動輒數千或上萬元的特級園與一級園，甚至也不是村莊園，而僅只是那些最卑微的地區級紅酒，以布根地「Bourgogne」為名，常常千元有找，口味最清淡的黑皮諾。

例如Vincent Dancer產的二〇一〇年Bourgogne雖看似簡單易飲，冰涼了，大口喝確實頗有清涼解渴之效，但酒中也暗藏著精細變化，亦非淡而無味，其實頗為耐喝。在我還是學生的年代，這些最低價的布根地紅酒，常因葡萄沒有完熟而顯得酸瘦難飲，甚至帶有草味，若受細菌感染還會有牛糞般的不潔怪味。但地球暖化與種植釀造技藝的精進，現在卻成了最值得在夏天喝的，紅色的清涼美味。

開瓶小講堂

單寧

為葡萄皮與梗中所含的酚類物質，具有抗氧化的特性，在釀造時經泡皮的過程被萃取到酒中，除可讓酒較不易氧化，具久存潛力，單寧也會和口水中的蛋白質結合成較大的分子，降低口水的潤滑性，產生收斂感和澀味。

跨界與融合

這瓶白酒的口感質地確實頗為特別，很不傳統經典，如果同時遇上各式山珍海味或是雞鴨魚肉的融合菜色，應該會是最出色的佐餐酒。

創新在葡萄酒世界中一直沒有得到完全的肯定，傳統似乎還是最好的賣點。至少，在歐洲的傳統產區裡，創新常常是可以做不能說，或者，必須巧妙地包上一層傳統的外衣，才不會被視為毒蛇猛獸。也因此，在美食界已經頗為稀鬆平常的跨界融合，卻一直很少吹到葡萄酒的領域來。畢竟，融合的概念對於強調原產土地與在地風土的頂級葡萄酒業，是個可能毀掉一切的危險潮流。

訊息傳播的速度越來越快速，全球美食餐桌已然越來越融合化，流行的週期也越來越短暫。傳統道地似乎不再是一種首要價值；或者說，只是眾多價值中越來越式微的那一項。可以想見，現在，在餐廳裡擔任提供佐餐建議的侍酒師是越來越難為了。常常越是融合，充滿「驚奇」的菜，對葡萄酒越是不友善。例如這家位在的台北最高樓的義大利餐廳，前菜是北海道鮮干貝配酪梨明蝦附特級魚子醬佐義大利醋汁。湯上來了，卻是椰漿泰國官燕，而主菜竟是日本關東刺參翅湯干貝娃娃菜。要找到適合搭配的葡萄酒，若不想攪盡腦汁，乾脆投降放棄。

確實，被擺上桌的菜色已經有些不一樣了，除了在舊有的葡萄酒

HEARTLAND
STICKLEBACK
WHITE
Ben Glaetzer
WINE OF AUSTRALIA

裡翻找，有些酒莊乾脆發明自己新的葡萄酒，來搭配過去不曾出現的菜色。其中，也確實有些有趣的例子。例如南澳的知名釀酒師Ben Glaetzer，和友人合資開了一家叫Heartland的酒莊，他們自稱是以「帶傳統的新方式」（New ways with tradition）釀酒。其中有一款以維歐尼耶（Viognier）*和灰皮諾（Pinot Gris）兩種葡萄混合的白酒最為有趣，因為這兩個品種都稱不上均衡，而且並不互補；前者多果香，少酸卻多酒精，後者香氣深沉，但濃厚粗獷。釀酒教科書上不曾將它們視為可調配在一起的兩個品種。

但Ben Glaetzer這樣一調，卻解決許多侍酒師的麻煩，無論碰到什麼樣難搭配的菜，幾乎都可以派上用場。這瓶明明是不帶甜味的白酒，但偏偏卻又微帶一點澀味，原是酸味不多又特別濃重的葡萄，他用多次採收硬是保持難得的新鮮和均衡。澀味加上渾厚酒體與未發酵完成的三到四公克的糖分，這樣的口感質地確實頗為特別，很不傳統經典，但如果同時遇上各式山珍海味或是雞鴨魚肉的融合菜色，應該會是最出色的佐餐酒。Ben Glaetzer以釀造來自南澳巴羅莎谷地的希哈紅酒名釀Amon-

Ra聞名國際，但這瓶市價僅十歐元，來自Langhorne Creek 和Limestone Coast的白酒，卻證明了他過人的釀酒創意與高超技術。

這讓我聯想到西班牙加泰隆尼亞的Clos Magador酒莊所釀造的另一款奇詭白酒Clos Nelin。莊主René Barbier在酒精度高而且香氣和酸味都缺的白格那希（Granacha Blanca）裡，匪夷所思地添加了黑皮諾，然後再補上維歐尼耶以及胡珊（Roussanne）等從未被混在一起的品種。組合成帶一點紅酒架構，濃厚多酒精，但保有足夠酸味和咬感質地的奇異白酒。加泰隆尼亞曾匯集了包括El Bulli在內全球最具創意的餐廳，那些讓人瞠目結舌的菜色，除了這樣的酒，應該別無可選了。

開瓶小講堂

維歐尼耶

原產自法國北隆河的恭得里奧（Condrieu）產區的白葡萄品種。釀成的白酒以獨特的杏桃香氣聞名，酸味較低，甜度高，酒精度常超過十四%，有頗為圓潤的豐厚酒體，但較少清新香氣。在釀造希哈紅酒時，也常添加微小的比例混釀以增添風味。

LUSTAU
LUSTAU
LUSTAU
LUSTAU

Chapter 6

On Trend

時代的風流

看似恆常不變的葡萄酒業，隨著時代轉換，即使如教科書般的鐵律，也可能要跟著鬆動與進化，有時甚至會瓦解逆轉。

用腦袋喝酒

在布根地的地下酒窖進行桶邊試飲的時候，常常一試就是一整個下午。

拜訪酒莊時，若遇熟識的釀酒師，常會追根究底地多問些問題，特別是在布根地的地下酒窖進行桶邊試飲的時候，常常一試就是一整個下午。有時相談甚歡，疑惑盡解，但也有踢鐵板的時候。

例如，跟Jacques Lardière先生一起試喝由他所釀造，名酒商Louis Jadot數十款的二〇〇九年分之後，我對於酒中頗為清爽的酸味有些不解，那曾是一個相當炎熱，葡萄有些過熟的年分，甜美有餘，但酸味不足。不過Louis Jadot的酒似乎不全然如此，本以為是刻意抑止乳酸發酵*的結果。但Lardière卻只是語帶玄機地說：「〇九年的乳酸發酵在我們想抑止前就已經全部完成了，你喝到的清爽是來自葡萄對酸味的記憶。」想再多問時，他補了一句：「不要只用腦袋喝酒，要用你的胃喝！」

半知半解間，我只好默默地把酒杯裡最後剩下的特級園白酒Chevalier-Montrachet Les Desmoiselles一口飲盡。

位在布根地酒業中心伯恩市的Louis Jadot，是城內幾家菁英酒商中，規模最大的一家，雖是酒商，但也自擁許多名園，每年北起夏布利，南及薄酒來，生產釀造一百多款的布根地紅、白酒。在我探訪布根地二十

餘年的經歷中，和Lardière一起桶邊試飲各村各園的樣品酒，是最難取代的美好回憶，學到的，也最多。

兩年後的春天又去了一趟，拉迪耶已經退休了，和助理釀酒師試了三十多款的二〇一一年紅、白酒，是他釀酒生涯中的第四十二個，也是最後一個年分。

如果是用腦袋喝，特別是，用掌管知識與理性判斷的左腦來喝酒的話，我會說這是一個多極端與災厄天候的困境之年，酒風偏淡也偏瘦；紅酒的澀味偏低，結構較弱，白酒則酸味柔和，順口易飲。雖都均衡，但似無雄偉格局，恐無法耐久。因產量低，酒價頗高檔，我甚至會建議讀者們狠心跳過，若非買不可，也要小心挑選。

但若暫時忘掉品酒專家的身分與職責，不把永恆耐久當作葡萄酒存在的目的，或者，不拿有世紀年分之姿的二〇一〇年做比較，心裡一直有聲音提醒著，這趟布根地小旅行裡品嘗到的，即將上市的兩百多款二〇一一年卻是瓶瓶鮮美可口，特別是有非常多輕巧細膩，好喝到想多來幾杯的黑皮諾紅酒。

我不太確定Lardière先生所說要用胃喝酒的真正意思，但如果身體的感應也有機會舉手發言的話，我想我會偷偷地買一些二〇一一年Louis Jadot在伯恩市的 Les Grèves一級園吧！畢竟，還有Lardière最後的年分可以用來當作採買的小藉口。

開瓶小講堂

乳酸發酵

葡萄中含有多種酸味，以蘋果酸最強也最粗獷。當酒精發酵完成後，只要溫度適合，乳酸菌會將蘋果酸轉化成更柔和可口的乳酸，稱為乳酸發酵。若抑制乳酸發酵，則可讓葡萄酒保有較強勁的酸味。

不要再搖了

Gérard Gauby說，品嘗自然釀製的葡萄酒時，搖完後，若能停杯等待，讓酒緩慢甦醒，反能聞到更細微的精巧酒香。

也算是職業病吧！喝了二十多年的葡萄酒，現在即使只是拿著一杯水，也常常不由自主地搖著杯子。喝葡萄酒搖杯，常是學習品嘗的第一件事，握住杯腳，水平地搖轉酒杯，可以讓空氣混入葡萄酒中，讓香氣更容易散發出來；也可加速酒氧化*的速度，讓酒快速甦醒過來。特別是遇到香氣封閉，口感仍硬澀，卻又沒有時間醒酒的年輕紅酒時，總會特別認真地，使力地搖著酒杯。直到最近，在參訪Gauby酒莊時搖斷了一只珍貴的Zalto手工杯時，才赫然發現，數十年來都一直搖過頭了。

一整天都颳著強風，似乎不是一個試酒的好日子，莊主Gérard Gauby開車載我逛了一圈葡萄園，便下到昏暗的地下酒窖，試飲酒莊十多款最新上市的紅、白酒，其中有幾款是百年老樹釀成的珍藏級酒如Muntada和La Foun。在法國酒莊用輕薄精巧的Zalto酒杯試酒並不常見，之前只在香檳的Lamandier de Bernier、布根地的Doamine de Bellene，以及北隆河的Domaine Chave各遇過一回。Zalto所設計的Denk'Art白酒杯，是繼Zwiesel 1872 The First Riesling白酒杯之後，我遇過最適合當作全功能品嘗杯的神器，它們的特長都不是在於聚香，而是能分出許多香氣的細

節，讓酒聞起來更見表情。

但即使有香氣表現極佳的酒杯，當天品試的酒卻都相當封閉不開，好似吃了過量的安眠藥，怎麼樣也搖它不醒。在品嘗以一八九〇年的佳麗濃（Carignan）老樹所釀成，質地極為精緻絲滑的La Foun時，酒香仍然不顯，僅有一些微微的，如石墨般的礦石氣，也許有些急，多使了勁搖，細長的杯腳竟應聲斷裂分離。

雖是生涯首見的尷尬，但也換來珍貴的教訓，除了要小心太精緻的高檔杯子，也該謹慎留意，不是所有的葡萄酒都適合一直搖個不停。例如香檳跟氣泡酒，酒中的氣泡自然就會帶出香氣，可以完全不用搖杯，搖了反而會失掉珠滑爽口的氣泡。陳年的老酒有時很脆弱，更需留意，搖太多會有過度氧化的即時危險。但即使是年輕的酒，搖杯也要適可而止。

幫我換了一個Zalto白酒杯後，Gérard Gauby說，經過激烈的搖杯，酒通常會立時散發濃香，但品嘗自然釀製，少有人為添加與改造的葡萄酒時，較為細微多變的香氣，在搖杯之後，卻常需多一些時間才能悠轉顯現，搖完後，若能停杯等待，讓酒緩慢甦醒，反能聞到更細微、更多變化的精巧酒香。一直搖個不停，反而會聞不到最迷人的香氣。

「不要再搖了！」最近試酒時常會特別提醒自己，當濃香散盡，稍稍靜心等候，隱藏著的秀麗風景才能在杯中悠然顯現。

開瓶小講堂

氧化

空氣中含有二十一％的氧氣，當葡萄酒與空氣接觸之後就會開始氧化，其過程可以讓酒的口感更為柔和協調，產生更多的香氣。但若與過多的氧氣接觸，也會讓葡萄酒出現氧化怪味，甚至變質敗壞。

滯銷香檳的滋味

香檳跟其他葡萄酒一樣，買回家之後，如有適合的存酒條件，也可陳放幾年之後再喝。

這是一個特屬於香檳迷的煩惱，當然，也可能是福利，至少，我自己是常樂在其中。

不同於一般的無泡酒，香檳大多是混合不同年分的基酒所調配成，市面上最常買到，都是這種沒有標示年分的多年分香檳。但葡萄酒是唯一不需標示保存期限的瓶裝飲料，買的時候，即使精通法文，讀遍密密麻麻最小級字的背標，也一樣很難得知出廠多久，已經在貨架上站了多少個月或多少年。這些香檳即使標籤一模一樣，喝起來的味道卻有可能不一樣，有時甚至像是完全不同的酒。

這絕對不是危言聳聽。

保存的條件不好也許是原因，但即便在條件最好的酒窖裡存放，也一樣會有很大的差異。膽敢這樣說，除了許多老香檳的美妙經驗，也因為曾和Bruno Paillard一起試飲他的無年分香檳Première Cuvée的實驗。品飲一批分別在二〇一〇、二〇〇七、二〇〇四和一九九九年除渣（dégorgement）*的預留試驗酒。Bruno Paillard是少數不怕惹麻煩，願意在每一瓶香檳標示除渣日期的名牌大廠。

PAILLARD
France
PREMIÈRE CUVÉE
BRUNO PAILLARD À REIMS - FRANCE
12%vol. 75cl

這四瓶理論上是一樣的酒，卻有頗大的風格差異，在香氣上從二〇一〇年除渣的熟果香，轉成二〇〇七年的香料與蜂蜜，再轉成二〇〇四年的烤麵包與糖漬水果，一九九九年除渣的樣品，則散發出相當迷人的陳年風味，除了之前的香氣，甚至出現微微的咖啡與一點森林濕地的氣息，而口感仍然相當清爽多酸，全無老態，但餘味卻更加綿長。

過去，各家香檳大廠都努力地要讓我們相信，混合年分的香檳在除渣之後，就應該盡快喝完以保有最佳的均衡與新鮮，在侍酒師學校也會教授須盡快將香檳賣出，以免變得不夠新鮮。但我漸漸發現，其實香檳跟其他葡萄酒一樣，買回家之後，如有適合的存酒條件，也可陳放幾年之後再喝。因為香檳中的酸味與氣泡，讓其有著遠超出想像的久存潛力，而除渣時加進去的糖，隨著時間，可以在香檳中發展出更多烤麵包般的香氣。像一九九九年除渣的Première Cuvée，在十年之後變得更加迷人，絕對不是偶然。

同樣一批年分的香檳，有些酒廠會保留一部分，延長窖藏泡渣的時間，多培養數年或十數年之後再除渣上市，如Dom Perignan的P2，若跟早幾年除渣上市的版本一起比較，價格昂貴許多的P2會顯得更新鮮年輕許多，這對跟我一樣喜愛陳年風味的香檳迷來說，實在很難說是好消息。

也許有人喜愛新鮮簡單的香檳，但其實放一陣子再喝常有意外的驚喜，特別是不小心買到酒商滯銷多年的舊庫存時。

開瓶小講堂

除渣

在瓶中進行二次發酵的氣泡酒特有的釀造工序，基酒混合糖與酵母裝瓶，放入地窖進行二次發酵，完成後死酵母沉澱瓶中，需經過特殊的搖瓶技術開瓶去除酒渣，並添加補充酒液與糖後再封瓶。

南方吹來的涼風

有一點意外，二〇一五年三月前往南隆河產區（Côtes du Rhône Méridionales）*的參訪旅程中，試喝到相當多精巧細緻的紅酒，其中甚至有多款帶著北方產區才能有的清新酸味與輕盈飄飛的酒體，有如陣陣自地中海吹來的清涼酒風。

雖然兩年前來時已嘗到不少這樣的新浪潮風味，但此回更是明顯而全面。也許是剛好遇上天氣特別冷涼的二〇一三年分開始上市，或者也可能是美式口味主宰全球葡萄酒市場的時代真的要結束了，酒莊主和釀酒師們不再像過往一再地強調濃縮、圓厚和甜熟；現在他們更常將均衡、清新、純淨或甚至充滿能量掛在嘴邊，以吸引新一代更在意可喝性與自然感的侍酒師和酒評家。

即使以濃厚高酒精聞名的產地，似乎也開始要以適合佐餐的均衡酒風為目標了。這一趟南隆河之旅，讓我數度懷疑這裡真的是炎熱乾燥的法國地中海岸嗎？

唯一讓我感受到往日「熱情」的，是這回品嘗的五十多款教皇新城堡紅、白酒，大多濃縮甜潤，全然的南方陽光滋味，伴隨勇猛有力的

在南隆河，海拔高一些的葡萄園，有更多的石灰岩土壤，夜間冷涼的山風加大了日夜的溫差，較少見到顯得疲倦無生氣的甜熟型紅酒。

豪邁架構，現下喝來雖然經典，也顯得有些老氣。但卻也有如Raymand Usseglio和Domaine Janasse等酒莊，他們的二〇一三年分在豐盛巨大的教皇新城堡紅酒中，釀出特別多酸均衡的鮮美味道，頗具新意。

在南隆河，只要往東邊，海拔逐漸攀升，例如在海拔七百多公尺，如巨大石灰岩屏風的Dentelles de Montmirail山脈下的Gigondas村，就常出現帶著爽脆咬感，有清新酸味的紅酒。這裡有海拔高一些的葡萄園，有更多的石灰岩土壤，夜間冷涼的山風加大了日夜的溫差，不同於多鵝卵石地的平原區，較少見到顯得疲倦無生氣的甜熟型紅酒。Ch. St. Cosme酒莊是最完美的典範，特別是La Post園紅酒，展現Gigodas村最細膩精緻的一面。而Domaine Pierre Amadieu酒莊產自高海拔山區的Pas de L'Aigle紅酒則神奇地將高雅與硬挺結合在一起。

南隆河東北角落的Vinsobres村，清涼感的酒風更是明顯，如Domaine la Péquélette酒莊產自四百五十公尺山區的Les Muses紅酒，不只酸味佳，也有彈牙卻細膩的單寧質地。或如Chaume-Arnaud酒莊二〇一二年的Vinsobres，僅以水泥酒槽培養，就成功釀出精緻細膩的多變紅酒。

即使是南隆河最知名的菁英酒商Famile Perrin，也早在冷涼的村子東邊購置許多葡萄園，其以九十多年老樹園釀成的Les Hauts de Julien紅酒，有如頂級黑皮諾般的絲滑質地，其美味迷人的程度，遠遠超過同家族要價兩倍以上、產自教皇新城堡的Ch. Beaucastel紅酒，以及十倍以上的Hommage à Jacques Perrin。

在南隆河，我見識到涼風正吹進葡萄酒世界，新的價值已經開始轉化重置。

開瓶小講堂

南隆河產區

隆河產區分為南、北兩區，北隆河氣候涼爽，主產均衡多酸的單一品種紅酒與白酒。南隆河氣候乾熱，主產混合格那希、希哈和慕維得爾等品種釀成的濃厚型紅酒，酒精度高，酸味較低。

〇・五%的酒體

西班牙名廠Torres，推出微量酒精的Natureo葡萄酒。先釀製成葡萄酒後，再去掉大部分的酒精，只餘〇・五%。

在一九九〇年代初，當我第一次到波爾多參訪酒莊，逆滲透的技術才開始試驗性地被運用到葡萄酒的釀造上，透過讓水分子通過的半透膜，除去部分葡萄汁中的水分，達到濃縮效果，不只甜度變高，也提升單寧和紅色素的比例，即使是天氣不佳的壞年分，也能釀成深厚結實的酒風。當年，幾家知名的波爾多列級酒莊率先採用，釀成的酒在新酒品嘗會上大放光采，逆滲透設備立時蔚為風潮，也引來背棄傳統與地方風土的批評。

但隨之而來的氣候變遷，卻讓許多原本因天氣太冷，葡萄不易成熟的產區常達到極佳的成熟度，有時甚至還會過熟，甜度太高，酸味卻不足。全球許多產區，包括波爾多在內，都面臨酒精度過高，酒太濃縮，失去均衡，不夠優雅的問題。原本做為提高濃度的逆滲透設備，現在已很少使用，位在波爾多上梅多克區的名莊Ch. Sociando-Mallet，在二十一世紀初添購此昂價的設備，但只用了一年，至今都不曾再使用。

但有趣的是，不過是十年間的事，同樣的逆滲透技術，現在卻反被位處乾熱氣候區的釀酒師用來降低酒精含量，透過讓乙醇分子得以通過

ONLY
0,5
Natureo
Free
12
TORRES
Muscat

的半透膜，除去部分葡萄酒中的酒精，以保有較均衡的酒體*。

當然，並非高酒精就代表不均衡，但酒精由葡萄汁中的糖分發酵而得，葡萄的果實越成熟，糖分就越多，酸味跟著降低，香氣變得越甜熟。釀成的酒確實比低酒精的酒還難保有清新的活力。但酒精太低也一樣可能會失去均衡，酒體偏瘦，甚至乾癟，若酸味高，還會顯得瘦骨嶙峋。

除了撐起酒體，酒精也會為飲者帶來欣快和酣醉；除了美味，也許，這才是人們熱愛葡萄酒的關鍵原因，跟許多帶來快樂的東西一樣，酒精也同時藏著罪惡，讓人失去自我控制的能力，自然也包括駕控車輛這件事。以葡萄酒寫作為業，無論在法國或台灣，多居交通不便的鄉間，喝酒或開車一直是每天上演的兩難決定。找人代駕，或如澳洲所鼓勵的多人飲酒，要推選一位不能喝酒的Skipper擔任駕駛，或者乾脆不要出門，在家自己喝是目前僅有的選項。

對潮流風向特別敏銳的西班牙名廠Torres，自然不會對這樣的困局完全不理會，配合需求推出微量酒精的Natureo葡萄酒。先釀製成葡萄酒後，再麻煩地去掉大部分的酒精，只餘〇．五％，新近的年分更已釀成幾近〇％，紅、白、粉紅都有。曾在不得不的時刻喝過幾回，也許算是聊勝於無的心靈慰藉吧！

只是，沒有酒精還能算是葡萄酒嗎？這是一個哲學的問題，但也是一個味覺的問題，畢竟，即使馥郁多香，但那空蕩的酒體，恐怕只會讓開車不能喝酒變得更加悲傷與難耐。

開瓶小講堂

酒體

葡萄酒在口感上的重量感與濃厚度，英文稱為body，法文為corps，都是身體的意思。通常，酒精度越高的酒，其酒體越龐大，較多萃取物的酒款也可能讓酒體更厚實。另外，酒中的甘油含量與殘糖，也會稍微提高濃稠度與重量感。

賤名翻身

BGO在二〇一一年分正式改名為布根地丘，除了名字變美麗外，也能釀成更迷人的酒。

在像布根地這麼講究傳統地方風味的葡萄酒產區，創新其實算不上是一種值得追求的價值，甚至於被認為有礙風土特色的展現，一直是只能做卻不能說的禁忌。但因為改名而重新出發的「布根地丘」（Coteaux Bourguignon），不再只重風土，釀酒師被賦予更多的自由，為布根地帶來前所未有的全新創意。

Bourgogne Grand Ordinaire，是法國布根地產區內等級最低的葡萄酒，名字長又難唸，常簡寫成BGO，翻成中文，有「極平凡的布根地酒」之意，直白地表明了低賤的出身，是當地最低價的葡萄酒。

在布根地，每一片葡萄園都會被清楚地分成四個等級，BGO大多是來自條件最差、等級最低的園，而且還可以混調一些雜果，例如在正統優雅的黑皮諾紅酒裡，混進較平庸易飲的加美葡萄，或者，在尊貴豐碩的夏多內白酒中，添入酸瘦平板的阿里哥蝶（Aligoté）*。長年以來，我一直以為BGO應該只是酒商把一些在混調時挑剩的基酒再利用的次級品，說是布根地酒業的垃圾桶也許太刻薄，但大多也就是日常的簡易餐酒，實非布根地的菁英滋味。

BOURGUIGNONS
ALIGOTÉ
JADOT
2013

改名就能轉運或許是迷信，但有了新的名字若能多幾分自信，或真的能創造新的運途。BGO在二〇一一年分正式改名為布根地丘，換掉自一九三七年法定產區成立時就一直沿用的舊名。與此同時，薄酒來正式且公開的被納入布根地，當地產的加美紅酒，除了可以釀成新創的Bourgogne Gamay，也可以混調進布根地丘紅酒。當地價格更低，但品質卻更佳良的加美紅酒，讓改名後的BGO除了名字變美麗外，也能混調成更迷人的酒。

但出乎意料地，布根地丘白酒的新意更勝紅酒，例如質地脂腴的夏多內，因為添加了酒體苗條高挑、果香清新的阿里哥蝶，更加地活潑有力，特別是Louis Jadot的版本，靠大量的阿里哥蝶，讓夏多內有出其不意的美妙均衡與精緻變化。雖是此年產上百款布根地名酒的菁英酒商最低價的白酒，但卻是布根地白酒混調的最佳典範。

最具創意的，卻是Pierre Naigeon酒莊的En Auronne，在夏多內中添加了三分之一原本在布根地只能用來釀造紅酒的灰皮諾，採橡木桶發酵培養，混調成帶有花香，酒體豐潤，質地油滑，非常甜熟且厚實的獨特酒風，滿滿的異國情調滋味。

這些原本不太受期待的低階布根地，僅只是稍稍從傳統制約中解放出來，那一小分的自由，就為布根地的未來開創了許多非常值得期待的全新可能。

開瓶小講堂

阿里哥蝶

產自布根地的白葡萄品種，和夏多內一樣，都是黑皮諾與Guais Blanc自然交配產生的新種，果粒大，成熟慢，較為多產。大多種植於條件較差的平原區，釀成酒體偏淡，酸味較高，多青蘋果香氣，清淡早喝的簡單白酒。

跟桌子說再見

J'en Veux !!!以極簡的方式釀成非常鮮美可口，卻又相當多變的詭奇紅酒，如其帶著情色與挑釁的標籤。

法文的「table」，義大利文的「tavola」或是西班牙文的「mesa」，都是桌子的意思，但在葡萄酒的世界中，「桌子」代表的是歐盟各國分級系統中最低階的酒，如法國常簡稱VdT的Vin de Table，多為清淡易飲、少有個性的日常廉價餐酒。「桌子」會成為行家必學的關鍵字，在於全世界有超過一半以上的葡萄酒，來自法、義、西這三個全球最大產國。但最近，細心的酒迷們可能已經發現，「桌子」一字逐漸地消失在歐洲的酒標之上，轉眼就要成為歷史名詞了。

法國在二〇一〇年將Vin de Table改成Vin de France，隔年義大利將Vino da Tavola改成Vino d'Italia，這些因「桌子」一字而成葡萄酒賤民的低階酒，頓時除掉箍咒不再背負惡名。自此之後，法國也開始允許在這最低階的酒上標示原本完全嚴禁的年分與品種，同樣的酒，一夕間在貨架上看來變得光鮮亮眼，不再只是因為預算有限，不得不的選擇。

不同於葡萄酒分級制度成立之初，為了防止劣酒假冒高檔酒而訂出的嚴格規範，並不時告誡消費者要明辨標示；今日的首要目標已經成為如何與新世界產國競爭，銷掉生產過剩、曾拖累歐盟財務負擔的低階葡

J'en veux !!!

萄酒。雖有此巨變，各國已經紛紛跟「桌子」說再見，但有趣的是，卻少有產國認真與消費大眾溝通，無非是想在去掉桌子之後，讓人們辨識不出，Vin de France其實還是最低等級的法國酒。

改名受益的，還包括一些過於獨特，於法所不容，卻充滿創意的逸品酒，或採異端品種釀成，也有跨產區的混調酒。例如由波爾多「寶瑪堡（Château Palmer）*」所釀造，稱為Historical XIX Centry wine的十九世紀複刻版紅酒，仿照當年的傳統，在以波爾多品種為底的基酒內，調進一點來自四百公里外的北隆河、以希哈葡萄釀成的紅酒。

這些在澳洲極為稀鬆平常的事，在法國即使不被視為離經叛道，也常能成為酒業奇聞，現在收在Vin de France名下，反能開始成為常態，讓保守的歐洲酒業得以引發更多帶有原創與實驗精神的新酒風。這是除去「桌子」之前始料未及的。

至今品嘗過最珍貴奇特的Vin de France，是侏儸產區的釀酒奇才Jean-François Ganevat所釀造的J'en Veux !!!，採用十八種幾近絕種的地方品種釀成，來自一片一九〇〇年的古園，無嫁接，原根種著包括l'Enfariné、

Corbeau、Gueuche、Gouais、Beclan和Petit Beclan等黑、白葡萄。這些舊時古種因為太少見，並未列入法定產區的傳統品種名單中，只能釀成低階的Vin de France。Jean-François將去梗後的黑、白葡萄直接放入小型橡木桶中發酵，無踩皮淋汁，就這樣，以極簡的方式釀成非常鮮美可口，卻又相當多變的詭奇紅酒，如其帶著情色與挑釁的標籤，讓法國葡萄酒業突然跨出了一大步。

開瓶小講堂

寶瑪堡

位在法國波爾多左岸梅多克區瑪歌村內的菁英城堡酒莊。以十九世紀時的莊主，來自英國的寶瑪將軍為名。種植較多的梅洛葡萄，酒風強勁卻細膩多變，在一八五五年的分級中雖屬三級，但現今的酒價卻超越所有二級酒莊。

昨非與今是

這款採用一〇〇%山吉歐維榭釀成的美味紅酒，其均衡、細膩的精緻酒風，長年來，都是我心中最優雅的托斯卡納。

也許有些人不太贊同，但在海外，托斯卡納確實是義大利最知名的葡萄酒產區。即使有Brunello di Montalcino或Chianti Classico等名產區，但當地最昂價的十多款酒，超過一半以上，包括最貴的那一瓶Masseto，都是採用法國波爾多品種釀造。相較也曾引進波爾多品種的西班牙，即使是在最國際化的加泰隆尼亞產區，現下最昂價的酒中已經很少見到波爾多品種了。在托斯卡納釀出世界級的昂價波爾多混調紅酒，也許在二十世紀還稱得上是義大利之光，但在二十一世紀的今日卻仍由這些酒占著，對義大利這個葡萄酒強權來說，難免顯得有些尷尬。

想像一下，如果托斯卡納最頂級昂價的餐廳賣的卻是法式料理，在義大利人的心中會是什麼滋味。

一九七〇年代開始興起的所謂「超級托斯卡納」（Super Tuscans）風潮，引進被認為可以提高品質的波爾多品種，如卡本內蘇維濃和梅洛等，捨棄傳統的大木槽，用小型法國橡木桶培養，釀造國際風格的新潮紅酒，雖不符傳統法定產區的規定，卻因為酒風近似當時最盛行的主流品味，頗受酒評家與新興市場的注意和喜好，高昂定價與高分酒

PERGOLE TORTE
2007

評，在商業上，特別是在美國市場相當成功，如最早成名的Sassicaia、Solaia、Ornellaia等等。

於是，混合外來種、打破傳統規範、高昂價格以及全是紅酒，便成為「超級托斯卡納」這類葡萄酒的共同特點。這些雖然已是陳年往事，但卻也內化成今日托斯卡納的在地傳統，如一九九四年成立，位在地中海岸邊，可完全採用外來品種的Bolgheri法定產區。而最知名、歷史悠遠的Chianti Classico產區，在一九九六年也開始容許混調非在地的外來種，不過仍以二十%為限，以保留最根本的傳統風味。

在此昨非今是的歷史公案裡，Chianti Classico區內，Montevertine酒莊的旗艦酒Le Pergole Torte卻是最佳的反例，這款採用一〇〇%山吉歐維樹（Sangiovese）*釀成的美味紅酒，其均衡、細膩的精緻酒風，長年來，都是我心中最優雅的托斯卡納。

雖然山吉歐維樹是當地最重要的傳統品種，所有的Chianti Classico都是以其為基底調配成的，但詭異的是，在一九九六年之前，Chianti Classico曾經被定義為混調式紅酒，必須添加包括白葡萄在內的其他地方品種。堅持用單一品種釀造的Le Pergole Torte，卻是因為用了太多的山吉歐維榭，而被排除在Chianti Classico法定產區之外，成為最為另類的超級托斯卡納。雖然禁令已成過去，但Le Pergole Torte仍然選擇低階的Toscana IGT，為過往義大利式的難解弔詭，留下美味的見證。

開瓶小講堂

山吉歐維榭

義大利種植最廣的品種，以產自義大利中部的Chianti Classico和Montalcino產區最為著名。為較晚熟的品種，因年代久遠，變種頗多，品質不一，通常顏色不特別深，有櫻桃與李子果香，多酸味與單寧，有時也頗為耐久。

超完美土豪金

做為新近最成功的炫富神器，其閃亮的瓶身，比純金還更加耀眼輝煌，見過了，就很難忘記。

除了怡情、味美或止渴，葡萄酒也常具炫耀或是彰顯品味的功能，但更常見的，是用以炫富。財團巨賈盤據的香檳酒業，是奢侈品業的極致，到處充滿著行銷算計，但「香檳王」、「皇牌貴婦」、「水晶」、「沙龍」和「庫克」這些不可一世、橫跨數世紀的超凡名牌，在炫耀財富的功能上，卻全都敗給了開張不過七年的土豪金香檳。

做為新近最成功的炫富神器，Armand de Brignac的名字雖然饒舌難記，但其全然金色閃亮的瓶身，比純金還更加耀眼輝煌，見過了，就很難忘記。瓶上還鑲黏著一個手工打造的錫製黑桃，連前標與背標也都是錫製，一〇〇%的金屬包裝，充滿著錢感，再配上三百歐元、世上最昂價的無年分香檳身價，在名流夜店耍派頭開這樣一瓶，是再恰如其分不過了，畢竟，能引來眾人欽羨眼光，無價。

金瓶成功之後，還推出了含三十四公克糖的紫金瓶、粉紅香檳的玫瑰金瓶、白中白的白金瓶，以及一〇〇%黑皮諾釀成的黑珍珠金，價格當然是一瓶貴過一瓶，以佐餐為本的黑珍珠金零售價從一千美元起跳。

如果炫耀是本質，在此當下，還問值不值，就難顯闊氣了。酒廠還

BRUT
Champagne
ARMAND DE BRIGNAC

推出三十公升破紀錄的Midas大瓶裝，要價四萬五千歐元，換算每公升得花上一千五百歐元。但買一瓶Midas的錢，大概只夠買一台Toyota的五門Previa，開在路上少有人會多看一眼，但抬出一瓶Midas肯定要造成轟動。

釀造此香檳的，是超過兩百五十年歷史的殷實老廠Cattier，原為自耕自釀的葡萄農酒莊，一九五〇年代才改為酒商，也許小有名氣，但非名牌大廠。一開始，只是與美國烈酒商的合資計畫，二〇〇六年上市的第一批酒全銷到美國。嘻哈歌手Jay Z在他的音樂錄影帶讓「黑桃金」曝光，取代原本最愛的「水晶」香檳。也許真的太愛金瓶了，Jay Z甚至買下Armand de Brignac自己當老闆（註）。沒隔幾年，「黑桃金」輕易地就晉身世界級名香檳，即使昂價，竟也能年銷超越七萬五千瓶。

幾乎同價格的「沙龍香檳」有百年的傳奇歷史，用第一名村Mesnil sur Oger*的葡萄釀造，只選最好的年分生產，從一九一一年至今僅推出三十七個年分，還得歷經十餘年窖藏，加上無以數計的酒評推崇，才有今日的價格，但每年也只賣六萬瓶。

如果賣的只是金瓶，瓶內裝著什麼樣的香檳，其實並不是那麼重要。不過，喝起來，倒還頗純淨明晰，通透澄澈的酒風並不流俗，但即使如此，如果不以炫富為目的，同樣的錢還不如買Cattier最頂級的限量獨占園旗艦酒Clos du Moulin，最重要的是，可以豪氣地一次買三瓶。

註：二〇一一年，已經擁有Moët & Chandon、Krug等多家香檳廠的全球最大奢侈品集團LVMH，購買五十%的股權成為共同持有人。

開瓶小講堂

Mesnil sur Oger

位處香檳精華區白丘的名村，在分級中屬最高等的Grand Cru，主要種植夏多內白葡萄，釀造酒風輕盈精巧的「白中白香檳」。村內有非常多的名廠如「沙龍」與Pierre Peters等，「庫克」知名的一．八四公頃獨占園Clos de Mesnil也位在村內。

曾祖母喝的酒

這款雪莉酒的獨特之處在於，先經數年有酵母漂浮酒面保護的奇特培養後，再經多年的氧化式培養，口味特干，質地精巧。

在我還在法國當學生的年代，雪莉酒*已經是銀髮族才會想喝的舊時葡萄酒了，常跟蜜思嘉甜酒、Tawny波特酒一起擠在老式大戶人家的開胃酒推車裡，如果不是在餐前有上了年紀的長輩喝個一小杯，拿來烹調做菜或調雞尾酒，只剩一些老奶奶偶爾會在睡覺前喝一杯吧！算算時間，這些還習慣喝雪莉的世代，現在應該已經都成了曾祖父母了。

也許，正因為真的過時太久，或者，大多數成年人的曾祖母都已然不在了，產自西班牙的雪莉酒，對新一代的葡萄酒愛好者們，卻反而可以開始顯出因老派而生的新潮感。限量珍藏的單桶雪莉已經具備頂級紅酒的身價，甚至也開始出現在一些國際都會區的時髦酒吧裡。但市場上仍有無數品質卓越的珍貴雪莉，都只能賣出極平實，甚至有些低賤的價格，很難想像在一世紀前，雪莉和香檳價格相當，都是當時最昂貴頂級的開胃飲料。

在西班牙葡萄酒的最後一堂課上，挑選了雪莉名廠Lustau所生產，經平均超過十二年木桶培養的Escuadrilla讓學生試飲，這是一款屬於Amontillado類型的不甜雪莉，其獨特之處在於，先經數年有乳白色飄浮

LUSTAU
Rare
Amontillado
ESCUADRILLA
SHERRY

酵母飄在酒面保護的奇特培養後，再經多年的氧化式培養。口味特干，質地精巧，但又有極其多變的陳酒香氣，是所有經木桶氧化培養的加烈白酒中最為精緻的一種。酒標上雖聲稱是稀有的陳年Rare Amontillado，但其實在台灣每瓶只賣千元出頭。

時間，常常是葡萄酒最珍貴的材料，特別是可以經得起漫長培養的加烈酒，在雪莉酒中須經過桶中氧化培養的Oloroso、Palo Cortado和Amontillado等類型，在木桶中培養的時間越長，氧化程度越高，酒的豐富性就越高。同時每年大概會蒸發損耗三～五%的酒，讓桶陳越久的酒變得更濃縮。雪莉酒業的不景氣，已經延續了數十年，銷量日減，陳放桶中的時日也跟著變長，使得今日的雪莉酒品質，可能是有史以來的最高峰，但價格卻又最低迷。現在裝瓶上市的所有Amontillado，即使規定平均酒齡至少要四年以上，但事實上，常常已經十數年。

Lustau另一款最平價的Amontillado稱為Los Arcos，雖是最年輕，其實，也是歷經平均十年培養，添加一點糖分，調配成Dry/Seco類型的雪莉酒，有著迷人的Amontillado香氣，卻有較為圓潤柔和的口感，如此均衡有深度的陳年滋味，只需花一張台中到台北，歷程四十九分鐘的單程高鐵票的錢，就足以買到一瓶十年的光陰滋味，這何嘗不是另一種的雪莉美好年代。

開瓶小講堂

雪莉酒

全球最知名的加烈白酒，產自西班牙南方近大西洋岸的Jerez de la Frontera市和鄰近的區域，雪莉酒的西班牙名Jerez即是以此城為名。英文名Sherry則源自摩爾人占領時期的古名Sherish，烈酒與加烈的技術亦是由摩爾人引入。

原真素顏

這是幾近無添加的方式所釀成的酒，帶著野櫻桃果核的香氣，喝來鮮美多汁，一不小心就會大口飲盡。

對大部分布根地紅酒的愛好者來說，Irancy*都是一個陌生的名字。因為太偏北了，即使對性喜寒冷氣候的黑皮諾來說，都還是一個過於寒涼的地方，僅有在像二〇〇九或二〇〇三這些炎熱的年分，才能讓葡萄得以全然成熟，雖是村莊等級，但釀成的紅酒卻常顯酸瘦，是一個相當冷調的黑皮諾產區。向來偏愛帶有野生酸櫻桃香氣的黑皮諾紅酒，此獨特果香只有在像二〇〇四、二〇〇八和二〇一三這些相當冷的年分，才可能出現在金丘區（Côte d'Or）的紅酒中，但在Irancy卻是年年都有的招牌酒香。

為了讓學生們認識這樣的布根地極北紅酒，特意在課堂上挑選一款由新銳微型酒商Vini Viti Vinci所釀製，產自Irancy村的單一園紅酒Les Ronces。這是一家專營布根地北區葡萄酒的自然派酒商，幾近無添加的方式所釀成的酒，雖無磅礴氣勢但卻清麗動人，因是酒體較弱的二〇一三年分，雖是一片朝南向陽，溫暖一些的葡萄園，但酒精度卻僅及十一．五%，帶著野櫻桃果核的香氣，喝來鮮美多汁，一不小心就會大口飲盡。除了讓人止不住口水的酸味，也有如蕾絲般脆弱卻精巧的質

Viti Vinci
2013
Vini Viti Vinci
Irancy
d'Origine Contrôlée
Les Ronces
et mis en bouteille par : Vini Viti Vinci
2 rue Achille Dubois - F89200 Avallon
Produce of France

地。因釀造時無添加二氧化硫，若仔細分辨酒香，還有一些因氧化而有的微微肉桂與丁香氣味。

但下課的空檔，有一位學生用疑惑與不解的眼神，前來詢問為何要挑選這瓶酒體單薄、有頗多缺點的紅酒。我望著她深黑捲曲的假睫毛說，也許，我們都太習慣化妝之後才出門的女生了，卻忘了不施脂粉才是真實的美貌，即使不是完美無瑕，仍可美麗動人。像這樣自然派的葡萄酒雖然還不是主流，但也已經在一些葡萄酒圈子裡形成小風潮，例如常要為餐廳選酒配菜的侍酒師們。如果從佐餐的角度看，這些風味更自然璞真的酒，對於食物其實反而友善許多，因味道更加寬容，可以更隨意地搭配。

遇到二〇一三這樣的年分，布根地的酒莊大多會加糖提高酒精度，依法其實可提升二％之多。這瓶只有十一．五％的Irancy也許高瘦骨感一些，但也自有均衡，但若真的加糖發酵成十三．五％，酒體變深厚了，或可能變得更美味，也更符應主流的審美價值，但代價卻可能失去最珍貴的本真，而必須再畫上更濃的妝來掙得注意。

在釀酒技術如此發達的今日，知其可為而不為，選擇用素顏來面對飲者，除了勇氣，也要有深切體悟的智慧。

開瓶小講堂

Irancy

布根地最北方，鄰近夏布利的紅酒村，屬村莊級的法定產區，僅有約一百六十多公頃葡萄園，種植黑皮諾和一點風格粗澀的地方品種césar，常釀造成清淡多酸的紅酒，常有野櫻桃以及帶有草味的黑醋栗果香；偶爾也產粉紅酒。

GOGNES
ancy

飲饌風流 102

會跳舞的大象
（經典修訂版）
裕森的葡萄酒短篇

Yusen On Wine

作者／林裕森

總編輯／王秀婷
主編／洪淑暖
版權／徐昉驊
行銷業務／黃明雪、林佳穎

發　行　人／凃玉雲
出　　　版／積木文化
104台北市民生東路二段141號5樓
官方部落格：http://cubepress.com.tw/
電話：(02) 2500-7696　　傳真：(02) 2500-1953
讀者服務信箱：service_cube@hmg.com.tw
發　　　行／英屬蓋曼群島商家庭傳媒股份有限公司城邦分公司
台北市民生東路二段141號11樓
讀者服務專線：(02)25007718-9　24小時傳真專線：(02)25001990-1
服務時間：週一至週五上午09:30-12:00、下午13:30-17:00
郵撥：19863813　　戶名：書虫股份有限公司
網站：城邦讀書花園　網址：www.cite.com.tw
香港發行所／城邦（香港）出版集團有限公司
香港灣仔駱克道193號東超商業中心1樓
電話：852-25086231　　傳真：852-25789337
電子信箱：hkcite@biznetvigator.com
馬新發行所／城邦（馬新）出版集團
Cite (M) Sdn Bhd
41, Jalan Radin Anum, Bandar Baru Sri Petaling,
57000 Kuala Lumpur, Malaysia.
電話：603-90578822　　傳真：603-90576622
email: cite@cite.com.my

美術設計／楊啟巽工作室
製版印刷／上晴彩色印刷製版有限公司

【印刷版】
2016年1月 初版一刷
2021年12月2日 二版一刷
售價／550元
ISBN 978-986-459-306-4
【電子版】
2021年12月
ISBN 978-986-459-302-6（EPUB）

國家圖書館出版品預行編目(CIP)資料
會跳舞的大象：裕森的葡萄酒短篇(經典暢銷版)/林裕森著. -- 初版. -- 臺北市：積木文化出版：英屬蓋曼群島商家庭傳媒股份有限公司城邦分公司發行, 2021.06　面；　公分. --
(飲饌風流；102) ISBN 978-986-459-306-4(平裝)
1.葡萄酒
463.814　　　　110006659